原国家教委专职委员、教育部副总督学、中国民办教育协会学前教育专业委员会理事长郭福昌为本书题词

真情实感话早教

精彩纷呈硕果多

郭福昌

郭福昌印

PREC

Participation
参与

Respect
尊重

Environment
环境

Care
看护

教育，从日常生活的每一个细节开始

教育，
从第一声啼哭开始

PREC：0-2岁婴幼儿的看护理念和方法

郭曼妮 ∫著

上海社会科学院出版社
SHANGHAI ACADEMY OF SOCIAL SCIENCES PRESS

书中凝聚了作者多年来从事儿童早期教育的实践精华，通过若干个育儿视频的精彩解读，深入浅出地向家长传达了鼓励参与、尊重孩子的先进育儿理念。作为一名儿科医生，我深知儿童早期发展的养育理念和方法是很难掌握和传达的，但本书的作者却都做到了。俗话说"育人先育己"，相信每位读到此书的家长都能从中受到启发，自己今天迈出的一小步，必将换来孩子未来发展的一大步！

——儿科学博士、首都儿科研究所儿童早期综合发展研究室副研究员、世界卫生组织儿童卫生合作中心项目协调员 关宏岩

✳ ✳ ✳

作者集自己多年的早期教育实践、理论学习和思考，倾注了巨大心血，写就此书。从本书中可以看到作者对儿童早期教育的热爱和激情。这是一本实践性和可操作性很强的书，对婴幼儿家长有很好的参考价值。

——中科院心理所研究员 朱莉琪

序 言

一项要在吃喝拉撒睡中完成的伟大任务

随着宝宝的第一声啼哭，初为人母人父的我们，都会满怀无尽惊喜，迎接这个被我们带到世上来的小生命。我们关注这个小人儿的一举一动，看他（她）是不是吃饱喝足，有没有尿尿或拉屁屁，是眨眼了还是咧嘴笑了……宝宝一哭，更是牵动我们全身的神经，马上担心是没吃够还是没睡好？冷了热了？哪里又不舒服了？……我们甚至会仔细观察宝宝屁屁的气味、颜色和质地，以期从中确认宝宝身体是否安然无恙。

初生的宝宝除了哭闹外，几乎不会任何其他表达。我们全身心地爱着这个宝贝儿，同时也被小家伙弄得精疲力竭，24小时准备着应付"突发事件"——莫名的哭闹、咳嗽、流鼻涕、饿了、拉了，等等。身为父母，我们全力以赴，毫无怨言，并且以为自己该是已经尽职尽责了。

但如果此时有人告诉你，你的育儿体验完全可以不必如此辛苦劳累，你的付出很多时候其实是南辕北辙，你会吃惊吗？如果还告诉你，从婴儿呱呱坠地开始，对孩子未来人格的培养也要提上日程，万万不可错过孩子人生中第一步的培养契机，你会不会一脸困惑？

相信多数父母都会对此感到茫然。是啊，0-2岁的婴幼儿，每天的生活简单说来不就是吃喝拉撒睡吗，培养从何谈起？教育如何可为？再有，身为父母，小婴儿的方方面面都需要悉心照料，摆脱日常的辛苦劳累又怎么可能？

而这正是《教育，从第一声啼哭开始》将给出的答案。本书作者郭曼妮运用心理学和脑科学的最新理论成果，深入探讨0-2岁婴幼儿的科学育养方法，总结出一套以PREC命名的看护理念和方法，即以"尊重（R）"与"参与（P）"为基本原则，以创设适宜的客观环境和人文环境（E）为前提，并由此形成的一系列养育看护0-2岁婴幼儿的方法与技巧（C）。

PREC的育养法则告诉我们，看护品质直接影响着婴幼儿对他人、对社会、对世界的认知。尊重和参与式的看护体验，培养出来的是积极独立的婴幼儿，反之则是依赖性强的婴幼儿。日常生活中不断重复的吃喝拉撒睡，既是养育孩子不可回避的环节，也是婴幼儿学习成长不可或缺的过程。我们需要把0-2岁的婴幼儿也作为一个有独立意愿的主体看待和尊重，在每一个生活细节展开亲子交流互动。婴幼儿的学习正是通过互动中的重复体验过程，形成对大脑、心理的深入刺激，使其不断体会到自己的力量，并为日后成为快乐自信、自强自尊的孩子奠定坚实的基础。

现实生活中，多数父母都以自己的意愿为主，缺乏对婴幼儿的尊重，更缺乏让孩子主动参与的意识。比如，每天都会经历数次的给孩子换尿片的过程，父母或看护人悉心及时和手法娴熟，常常会得到人们的赞赏，但与此同时我们却往往会忽略此过程中孩子的感受。书中有一个例子，描写当姥姥发现孩子尿湿了，赶紧把孩子拎去换尿片，书中分析这对孩子来说却无异于一次突然降临的恐怖行为，长期如此，便可能导致孩子安全感的缺失。按照PREC的育养原则，给孩子换尿片需要事先告知小婴儿，让他对换尿片这件事有一个心理预期。而在整个换尿片的过程中，还需要不断与孩子沟通，让孩子熟悉每个步骤，并在动作上有所配合和参与。这种充满了温情的互动过程，会让孩子与外界建立起联结和信任。

运用 PREC 的育养法则，可以改变以成人意愿为主导的看护模式，改变婴幼儿的"被动"生活体验。成人慢下来，体会孩子的感受，"倾听"孩子的心声，引导孩子主动参与到自己的生活过程中，换尿片、吃饭穿衣、玩耍，生活中的每一个细节，都将成为我们教育的契机。正是通过无数次的反复交流和互动，我们不仅可以为婴幼儿未来形成健康的心理、健全的人格、良好的习惯、优秀的品格打下必不可少的基础；同时，日常育儿也会成为父母们的课堂，在每一次的互动与引导中，父母的观察力、共情能力、沟通能力等，也将取得进步，收获更高效轻松、充满喜悦的育养体验。哈，那真是一个美妙的过程！

当然，早期婴幼儿的看护培养，既需要学习先进的教育理念，更需要认真地对待每一个实操步骤和细节。看护人的表情、手的动作、说话的语态语速、是否等待婴幼儿的回应，等等，都会给婴幼儿带来截然不同的感知体验。看护和培养质量的高下，最终体现在如何对待婴幼儿的细节中。0-2岁阶段的孩子是人生可塑性最强的时期，如果看护人有了正确的理念和方法，孩子内在的本真生命便更容易得到充分的滋养和展开，未来良好人格的雏形也有了更坚实的基础，这对孩子未来的成长和发展，可谓事半功倍。反之，则是另一幅景象，比如书中谈到的：孩子不愿意走路，就想让人抱；吃饭时要求看手机或视频；入睡困难，生活缺乏规律；所有事情都希望有人代办；喜欢黏在亲密的人周围，拒绝参加群体活动；等等。要知道，这些并不是孩子的天性，而是在育养过程中方法失当造成的结果。

孩子呱呱坠地，从浑然无知到渐渐开悟，人生早期的摸索、感知、体验，皆由看护人对待他们的方式和看护环境决定，虽说"父母的学习从什么时候开始都不晚"，但父母在孩子0-2岁时犯下的错误，却可能导致孩子在人格上的不完整，需要孩子在长大以后长期努力方可弥补，某些伤害的后果甚至如基因一样潜伏在孩子的人格中，终身难以修正。我们常说"孩子未来的路都是他们自己去走"，但孩子成长的第一步，全部掌握在父母手中，这也就意味着，孩子人生的命运密码，从他们的第一声啼哭开始，身为父母就开始为他们写就，这实在是一项隐藏在吃喝拉撒睡中的伟大任务！

本书作者郭曼妮既有10余年的早教实践经验，又有开阔的国际视野，几年间，她游学意大利、德国、瑞典、法国、新加坡、日本、美国、加拿大等国家，考察世界婴幼儿教育的发展状况，并及时将国际最新的教研成果运用于她在国内的早教课程。本书凝聚着郭曼妮对儿童早期养育理论的探索，也是她实践过程的一次精彩总结。

特别值得一提的是本书形式上的一个创新，即通过扫描对应的二维码，读者可以在手机等移动终端直接观看案例视频，17 段 0-2 岁孩子在 PREC 课堂上鲜活的视频资料，加之文字的深入解析，把孩子的行为特征、行为背后的原因以及看护人需要具备的态度和处理方法，异常鲜活地呈现在我们面前，非常便于父母模仿学习。

感谢郭曼妮倾注极大的心力和热情，为父母奉献出这本《教育，从第一声啼哭开始》，相信本书将有助于父母完成谱写孩子美好命运密码这一伟大的任务。也祝愿郭曼妮一如既往眼界开阔，稳扎稳打，在中国 0-2 岁婴幼儿育养的领域有更多建树，帮助更多的孩子完成人生美妙的第一步！

青豆书坊总编辑 苏元

2015 年 9 月

目 录
Contents

前　言

很高兴能有机会和大家一起分享PREC婴幼儿早期教育的看护理念和方法。

从2004年起，我开始从事婴幼儿教育的相关工作，接触了成千上万的国内外家庭（后来自己也做了母亲），亲眼见证十多年来国际教育理念在中国大陆的蓬勃发展，有接纳，有崇尚，有疑惑，也有扭曲。其中，"快乐教育"成了童年时期曾经被"强迫学习""大人做主"的新生代父母崇尚的理念，"自由""发展""通过玩耍学习"成了年轻家长们的共识。但是，在关于如何平衡"自由"和"规则"以及如何具体实施"快乐教育"上，我们却走了不少弯路。

在目前的中国家庭中，6个大人围着1个孩子转的情况屡见不鲜，哄逗孩子成了大人们一项重要的生活乐趣。然而，当我们一味地希望孩子开心，尽可能满足他们的需求时，却极大地削弱了他们对快乐的探索，对快乐的主动把握，以及追求快乐的主观能力。

这也许源于我们对快乐的理解普遍存在偏颇。很多人误认为，只要孩子每天"乐呵呵"就是快乐。然而，在我看来，平静、专注，也是一种快乐。我们不需要刻意去迎合孩子，让他们生活在一个纯粹快乐的环境中，因为那是不真实的。某种程度上，这种做法甚至还会扼杀孩子长大后感受和面对真实生活的能力。

此外，"快乐"其实也是一个相对的概念。对于还没有解决温饱的孩子，一碗白米饭，足以让他们快乐，而对于每天不停被追着哄着吃饭的孩子，不让他们吃太多东西可能让他们更开心。当你把快乐的"基调"定得太高时，往往"高处不胜寒"，就像很多被过分满足和追捧的人，常常会选择吸食毒品让他们"更快乐"一样。我们需要做的，是创造本真的成长环境，让孩子去感受真实的情感，在适龄和安全的前提下，更多地鼓励他们参与到社会生活中，赋予他们体验快乐生活的能力。这样，他们既会懂得珍惜快乐，也会努力地去追寻快乐。

西方人崇尚让孩子像鸟儿一样自由，飞到他们想去的任何角落。在他们的教育观念中，有赋予孩子"根与翅膀"的说法。比如我的先生，他越过大半个地球从欧洲飞过来，选择和我生活在一起，在中国扎根。他的自由飞翔，没有遭到家人的任何异议或反对，相反，得到的是满满的祝福。

这一点，恐怕很多中国父母都很难做到。中国的父母更多地信奉"父母在，不远游"的古训。孩子可以飞，但孩子的飞翔要像风筝一样，线头始终攥在父母的手心里。这根"风筝线"既是亲子之间的亲情联结，也在一定程度上赋予了自由不同的含义。

当然，我们不能就此论断到底哪种方式更好，哪种更科学，哪种更现实。每一种教育理念，都是不同民族、社会、文化以及经济和价值观的产物。但是，我想说的是，不论是"鸟儿"还是"风筝"，重要的是首先要有"飞起来的可能"；其次，要有一定的抗击风雨的能力。也就是说，孩子既要能飞，也要能飞得好，飞到他们最从容、最自信、最快乐的高度。

我们通常所说的"快乐教育"，就是从这里开始被扭曲的。越来越多的家长意识到，要给孩子创造丰富多彩的生活体验。为了培养出优秀的孩子，他们付出了大量的精力、财力、人力和物力，购买玩教具、参与亲子课程、雇佣金牌保姆，等等。然而，需要强调的是，所谓体验，是"多层次的"，首先必须有"量"的积累。丰富的体验正好满足了大脑处于发育黄金阶段的婴幼儿的成长需求，也能帮助有意识的家长去理解孩子，为他们未来的发展正确"引航"。但更高层次的体验就需要在"质"上下功夫了。在我看来，尽可能给婴幼儿创造"参与式"的主动探索体验，是我们需要下功夫去钻研的重大课题。学步阶段的幼童被看护人扶着走和自己扶墙走，被追着喂饭和独立主动地进餐，明显后者的主动参与性更强。

所以，我们看护人需要去思考的一个问题是：我们是否为婴幼儿提供了丰富又积极主动的参与式体验？如何才能做到这一点？

现在有一个流行的口号，叫不要让孩子"输在起跑线上"。而在我看来，"输"指的不是孩子，也不是家长经费的投入，而是我们对育儿理念的理解和掌握。我希望能通过这本书，将PREC婴幼儿早期教育的看护理念和方法推介给大家，给每一个看护人带来切实的改变。

2011年，我和我的团队一起创建了乐融儿童之家

（原枫叶儿童之家），致力于 0 到 6 岁婴幼儿的一体化教育。我们已经为成千上万的家庭提供了优质的服务，得到了很多家长的热烈反馈。在这个过程中，我深刻地领悟到：教育，必须从 0 岁开始。

在我看来，人之初的前两年太重要了。

当小朋友们一岁半左右选择我们的幼儿园托管项目时，他们之间已经呈现出巨大的个体差异，深刻地烙上了各自家庭生活的烙印。不愿意走路，就想让人抱；不好好吃饭，吃饭时要求看手机或视频；入睡困难，生活缺乏规律；所有事情都希望有人代办；喜欢黏在亲密的人周围，拒绝参加群体活动；说话结巴，不自信；身体发育正常却体能匮乏，等等。如果我们想要培养真正具有健康心理、健全人格、良好习惯、优秀品格的孩子，也就是能"飞"得精彩的一代，我们就必须从 0 岁的婴儿开始。

目前，新生儿的父母大多是 80 后，他们有着鲜明的新时代父母的特征。

首先，与上一代父母相比，80 后父母学习的意愿和能力都很强，愿意接受新生事物，追求更科学的育儿方法，比较愿意照书育儿。例如，喝奶的奶量，何时添加辅食，是否需要补钙；也更加关注孩子的体能、认知、社交、语言等潜能发展；越来越多的家长会帮孩子选择早教中心，希望得到全面的指导和服务。

目前，中国男女生育年龄都在往后推迟，北京、上海这样的一线大都市，女性生育年龄已经平均提高到了 29 岁。而这个年龄阶段，也正是夫妻双方在事业追求上迈上新台阶的关口。如何平衡工作和生活的关系，既"省心"又"保质"地养育孩子，就显得尤为艰难和可贵。

为此，我们组织了数百次的父母学堂，包括婴幼儿潜能开发、语言开发、行为干预等课题，学习对象包括父母、祖父母、保姆和其他看护人员。学员们的学习热情空前高涨，从大家咨询的话题来看，可以发现以下一系列问题：

1. 大家对 0 到 2 岁婴幼儿教育的重要性和可行性，缺乏深层次的理解，仍旧以最基本的"吃好""喝好""睡好""乐呵呵"为重点。一谈到"教育"，就误以为是学知识，很难意识到其实人生无数美好的习惯、美德、潜能发展，都是从 0 岁开始的。

2. 即便了解了教育从 0 岁起步的重要性，还是会割裂地看待婴幼儿的日常看护和综合潜能开发，没有意识到"养"和"育"在婴幼儿阶段是密不可分的。传统观点认为，"育"一定要有专门的教室、专门的老师，但在我看来，生活中处处都是课堂，每一天的"吃喝拉撒"都是我们不可复制的天然教程。

3. 缺乏实操性的育儿理念指导。的确，目前的图书市场上，也很难找到如何在婴幼儿日常生活细节中植入教育理念的书籍和视频。偶尔能搜到一些给孩子洗澡、换尿片的指导视频，也大多是从安全看护的角度涉入，或是从商业角度宣传母婴用品。如何改变孩子"被洗澡""被吃饭"的"被动"生活，提升婴幼儿的"参与权"，培养积极、自信、独立的宝宝，是我们需要深入探讨的话题。

4. 阶段性焦虑。由于缺乏对 0 到 2 岁婴幼儿综合潜能发展的了解，家长通常会在宝宝出生的第一年，过度关注婴幼儿的体能发展，缺乏对他们认知、社交、语言发展的重视。比如，孩子六七个月的时候会关注是否能够爬行，1 岁时担心是否会独立行走，以及开始担心孩子的语言发展，很在乎是否会叫爸爸妈妈；1 岁半开始为孩子的社交"发愁"，疑惑为什么孩子不主动跟人交往；孩子接近 2 岁时，又担心被宠得太厉害。我们确实需要帮助看护人全方位地了解婴幼儿综合潜能的阶段性发展指标，让他们能够沉着育儿。

5. 社会的高速发展致使大量非亲生父母成为婴幼儿的主要看护人（祖父辈、保姆），他们相对缺乏先进的"养育"理念和方法，而出于责权问题，又大都以过度保护婴幼儿为特点。"过度宠爱"或"怕担责任"的心理，很大程度上束缚了婴幼儿的发展。

6. 新的生育政策出台后，很多 80 后"独一代"开始考虑是否要终结子女的"独二代"命运。但由于自身缺乏同龄人陪伴的成长经历，80 后父母面对多子女家庭的教育问题时，显得手足无措。如何处理好两个孩子之间的关系、保障多子女的优生优育，让很多父母陷入了困境，甚至放弃了再次孕育新生命的计划。

7.ECD（Early Childhood Development），意为儿童早期发展，其核心是开发孩子的潜能，促进他们心智、情感的发展，增强他们的社会生活适应能力。而到了国内，ECD 却被翻译成了"早教"，导致多数家长认为孩子必须得"教"，"教了才会"，"孩子喜欢得学，不喜欢也得学"，家长的结果导向型心理很严重。这也是亲子中心"主题"

课程很多的原因。但是，我们更应当关心的是孩子们的个体化差异。以孩子为核心的"非主题"教学，也应该引起家长的关注。特别是对于正处在对世界充满无限好奇的2岁以下的婴幼儿，多观察孩子，多适应孩子，多配合孩子，以"不教为教"才是最重要的！

为了回答以上这些困惑，我大胆地提出了针对0到2岁婴幼儿及其看护人的PREC看护理念和方法，主张把生活中的每一次看护，都当作鲜活的教育课堂，来陪伴婴幼儿的成长。

在我看来，对于2岁以下的婴幼儿而言，他们多数都还由成年人看护陪伴，日常生活中的吃喝拉撒，既是他们不可回避的环节，同时也是最频繁的亲子互动过程。如果我们能改变婴幼儿被换尿片的体验，被强喂着吃饭、被拍打着入睡、被迫分享玩具的体验，让他们一起参与到过程中来，多跟他们交流，倾听他们的反馈，我们或许能收获更高效、轻松的"双赢"式育儿体验。从长远来看，也能培养出更自信、独立、快乐的孩子，为他们未来的发展奠定坚实的基础。

为了让新生父母们更深切地了解PREC婴幼儿看护理念，我尝试以亲子课程的方式，邀请2岁以下婴幼儿的父母以及主要看护人，走进 PREC 亲子课堂。我们邀请大家坐在教室里，静静地观察自己的孩子，以孩子当堂课程的每一个需求和表现，作为我们最宝贵也是最真实的教学内容：换尿片，争夺玩具，哭泣，摔倒，团体用餐，等等。通过这些课程，我们去详细地了解看护人看到了什么场景，他们是如何解读的，然后分享我们的观点和理念，并通过现场的示范，指导家长如何把生活中的每一个环节转换成教育的"契机"，更好地在看护的同时滋养孩子（心理以及精神品格）的成长发展。

很高兴，我们收到了令人满意的效果。从大家最初的不知道如何处理更好，到最后能坐在一起自信、从容、轻松地陪伴孩子，充分"享受"他们的成长，每个人都实现了育儿方式的巨大"飞跃"。作为教育工作者，我备感欣慰。

相应地，一部记录低幼儿童成长的记录片也应运而生。这部记录片拍摄时间长达 6 个月，鲜活地记录了 0 到 2 岁婴幼儿体能发育的过程、游戏互动的方式以及语言社交生活的发展。欢迎大家到乐融儿童之家的官网上（www.mch0-6.com）点击观看。

当然，为了使更多的孩子受益，最后我还写下了这本书，集中阐述了如何看护和培养 0 到 2 岁婴幼儿的话题，并提供若干个真实的育儿故事供大家参考，希望能惠及更多拥有 0 到 2 岁孩子的家庭，有效地帮助看护人和早期教育的相关从业人员。

特别要说明的是，所有书中提及的案例，我们都是在场的第一观察者。读者会发现，我非常"啰嗦"地描述了我们跟婴幼儿互动的诸多细节，这是因为在我看来，早期婴幼儿的看护培养不仅需要我们学习先进的教育理念，更重要的是认真地对待"实操步骤和细节"。同样的对话，如果以不一样的语气和语速讲出来，以及看护人是否等待婴幼儿的回应、面带什么样的表情，都会导致结果的天壤之别。

扫二维码，观看视频

非常荣幸家长们能打开这本书倾听我的分享，也希望这个阅读的过程，能让我们一起"慢下来"，跟着孩子们去发现孩子世界里更多的美好和感动！

为方便家长对 PREC 的了解，您可以选择扫上页的二维码，观看 PREC 理念的视频简介。

第一章　PREC 究竟是什么？

给孩子充足的《心理营养》，
让孩子的生命尽情绽放！

扫码免费听，20分钟获得该书精华内容

PREC，是一套针对 0 到 2 岁婴幼儿的看护培养理念和方法。PREC 是 4 个英文单词的缩写，P 是 Participation，意为参与；R 是 Respect，意为尊重；E 是 Environment，意为环境；C 是 Care，意为养育看护。4 个字母的先后顺序，仅仅是为了便于拼读。

R 与 P，尊重和参与，是 PREC 的基本原则，也是 PREC 的核心理念，即在尊重的前提下，强化婴幼儿的主动参与式生活、学习体验。而环境（E）则是我们成功实施这一育养看护理念的前提条件，也是影响看护质量的重要元素，它分为感官可以触及的客观环境（physical environment）和由看护人构成的人文环境（psychological environment）。Care，亦即以"尊重"与"参与"为基本原则，以创设适宜的客观环境和人文环境为前提，由此形成的一系列养育看护 0 到 2 岁婴幼儿的方法与技巧。

如何构建一个有助于孩子身心健康发展的育养环境，在日常生活细节中践行"尊重"和"参与"的育儿原则，让每一个宝宝在 0 至 2 岁这个重要的人生阶段得到最好的心理滋养，发展出健康优秀的心理特质与精神品格，正是 PREC 的理念和方法要努力诠释并不断践行的。

我们经常提到，婴幼儿的学习需要重复的体验，重复的体验能给他们更深刻的刺激。所谓用进废退，就是这个道理。我们一起来想一想，在 0 到 2 岁婴幼儿的看护过程中，大人和孩子之间最频繁的互动环节是什么？

有人回答是讲故事（每天睡前都给孩子讲故事），有人回答是洗澡（希望孩子养成讲卫生的好习惯，所以一天至少洗一次澡），也有人回答是喂母乳（半夜起来喂四五次，睡不了一个安稳觉），还有人回答是换尿片（一天至少换 4 张尿片，出生第一年就至少要换 1460 次，还不算 1 岁之后的次数）……

这些都说明什么？

这说明真正大量的亲子交流互动，其实就是我们每天重复的吃、喝、拉、撒。那么，如果把每一次看护婴幼儿的环节，都当作是教育的契机，植入我们的教育理念，岂不美哉？

有人质疑："听上去是很不错，但如何实现呢？"

首先，也是最重要的，你需要学会尊重自己的孩子，并在尊重的前提下尽量激发孩子们的主动性参与体验。

很多父母都曾经问我：这么小的婴儿需要尊重吗？对婴儿谈尊重，会不会有些为时过早？他们能懂吗？这样的尊重是否有意义？

人之初的头两年，是大脑迅速发育的最佳时期。大脑重量不断增加的同时，每秒钟有700个神经细胞突触连接发生。这些突触连接，会形成信息传递和加工的神经回路，从而建构起大脑各个区域复杂的网络系统，进而帮助其正常运行与工作。

▲ 只要我们认真想一想，就会转变看待婴幼儿的方式，用敬佩和尊重的目光去重新打量这些小人儿。

突触的发育，包括形成、裁减、稳定和成熟，它是基因与婴幼儿所处环境和经验交互作用的结果。婴幼儿的经验越丰富，突触连接就越牢固。反过来说，由于婴儿发育初期经验相对不足，他们在执行我们看似极其简单的大脑功能时，也需要付出很多艰巨的努力。

人大脑中的神经细胞增殖期是妊娠 3 个月至 1 岁，而维持神经细胞的营养、传导等支持细胞的增殖期是妊娠后期至 2 岁，2 至 4 岁时突触发展密度约为成人的一倍半，以后按用尽废退的原则逐渐递减，日趋稳定和成熟，直至青春期达到成人水平。

新生儿脑重370g · 约成人脑重的25%

6个月为出生时的2倍 · 约成人脑重的50%

2岁时为出生时的3倍 · 约成人脑重的75%

4岁时为出生时的4倍 · 与成人接近

◀ 婴幼儿脑容量发展图

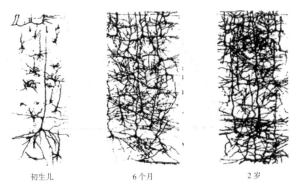

| 初生儿 | 6个月 | 2岁 |

▲ 婴幼儿神经突触发展图

只要我们认真想一想，就会转变看待婴幼儿的方式，用敬佩和尊重的目光去重新打量这些小人儿。他们看似"弱小""清闲""生活不能自理"，却在经历着人生最重要的阶段，孕育着未来的无限"可能"。他们舒舒服服地躺在婴儿床上，轻轻拨弄手指，微微转动头的方向，随意踢着小脚，这些看似"静态""缓慢"的活动下面，却蕴藏着无数次的脑力激荡，形成并强化着众多的突触连接，建构着他们自己的大脑网络，从而也造就了彼此之间更多的"个体化"差异。

下图是一张来自哈佛大学儿童发展中心的婴幼儿神经回路发展示意图。它直观地解释了2岁之前是婴幼儿大脑发育的黄金期，无论是语言发展还是感官发展，都在2岁前达到发展峰值。高级认知也呈现上升趋势。

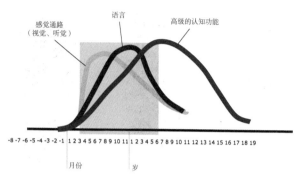

感觉通路
（视觉、听觉）

语言

高级的认知功能

-8 -7 -6 -5 -4 -3 -2 -1 1 2 3 4 5 6 7 8 9 10 11 1 2 3 4 5 6 7 8 9 10 11 12 13 14 15 16 17 18 19

月份

岁

▲ 婴幼儿神经回路发展示意图

多么伟大而神圣的"工程"！

而以"尊重"为前提的看护方式，显然更能点燃婴幼儿的大脑发育。他们对外部世界充满了无限好奇，时刻准备着进行积极的探索。尊重，就是对他们友善接纳的第一盏明灯。即便是刚出生一天的新生儿，我们也有义务把他们当作有独立人格的"人"来对待，这样才能换来未来独立自信的他们。

首先是尊重，其次是在安全、适龄的前提下，我们要充分地给予婴幼儿加入社会生活的"参与权"。有了"参与"，才会有体验。对于低龄阶段的婴幼儿，学习方式就是参与式的体验，婴幼儿能力发展的差异，很大程度上也源于参与的程度。

处在大脑黄金发展期的婴幼儿，每一秒钟与外界的接触，都在刺激着他们无限的好奇心和探索欲望，他们极其希望能参与到丰富的社交生活中，成为大家的一份子。

著名的意大利教育学家蒙特梭利（1870—1952）曾经提到，婴幼儿在早期发展阶段会出现多个"敏感期"，在各个敏感期，接受某种相应刺激的能力是超乎寻常的。他们对于某种事物的特殊感受，会一直持续到这种需求完全得到满足为止。而获得这种感受的媒介，就是大量地"参与"。

所以，如果我们尊重婴幼儿，就要尊重他们的参与权，尽可能在适龄、安全的前提下，保证他们能参与活动，甚至创造机会去促成他们的参与。

这也就引出了一个重大的话题——我们要关注婴幼儿成长环境的创设。一个充斥着不安全隐患的客观环境，是无法让看护人真正做到尊重并赋予婴儿主动参与权的。例如，我们无法尊重8个月的婴儿肆意啃咬塑料包装的打火机，也无法让他们去把玩毫无保护措施的锋利刀具，尽管他们表现出了极大的探索欲望。我们需要培养出真正懂得婴幼儿发展特点的看护人，去创设包括他们自己在内的科学的、安全适龄的、激发孩子主动参与式体验的综合环境，来匹配和适应孩子的发展。

综上所述，与其把婴幼儿当成一个"被动的"的小生命，教他们学，不如创建一个适合他们生活成长的、优良的综合环境，去适应婴幼儿的发展，在看护中"育养"。

我们要把婴幼儿当成有完整人格的正常人去对待，把给他们读书变成跟随他们的兴趣一起读书；把给他们洗澡变成让他们尝试着拿起喷头自己参与，摸摸水温感受热、冷这些抽象概念；哺乳的时候给他们机会去寻找乳头，而这本来就是婴幼儿天生具有的觅乳反射能力；将换完的尿片给他们看看，让他们更有成就感，理解更换尿片的原因并予以配合，等等——总之，尊重婴幼儿的参与权，把"养"和"育"完美地结合在一起，这着实是件一举多得的"美事"，而且是最直接、最简单、最高效的课程！

所以，试一试把 PREC 看护理念和方法融入你的日常育儿吧，也许闷头干活又苦又累的状态会从此改变，你将再也不会像机器人一样，麻木机械地去操作了。

P R E C

participation | respect | environment | care
参与 | 尊重 | 环境 | 看护

第二章　PREC 理念的两大原则：
尊重＋参与

PREC 理念强调要给予婴幼儿尊重，同时赋予他们参与社会生活的机会。下面将一一为大家阐述如何理解和实践"尊重"与"参与"。

1. 尊重（Respect）

很多人问我，尊重婴幼儿具体应该如何操作？怎样才能算得上是尊重婴幼儿？

的确，这是一个听上去有点复杂的话题，因为我们每个人对尊重的理解不同，对尊重程度也有着差异化的感受。但是，我们也会有一些共通的地方。大家不妨换个角度，从共同的"不被尊重"的体验来思考这个问题。

比如：

你在跟对方说话，对方却一直盯着手机不看你；

第一次跟某位异性见面，对方却强行跟你亲近拥抱；

原定晚上 6 点共进晚餐，都 10 点了对方还没来，也没有打电话告知爽约缘由；

当你跟对方哭诉自己的痛楚时，对方不予理会，也不给你表述自己想法的机会；

……

如果每天的生活都以上述方式运转，相信你很难有美好的人生体验，也很难喜欢上对方。不仅如此，你也很难建立起"安全感"。

可是，这却正是多数婴幼儿每天都在经历的生活。看护人大多对此习以为常，而婴幼儿也只能被动接纳，直至他们长大后有能力去"反抗"，最终演变成叛逆。

回想一下，你是否对下面的情形感到熟悉？

孩子兴高采烈地把皮球推向你，期待你推回来互动，你却在聊微信。不管你如何声明爱自己的孩子，你的实际行为都在告诉对方：手机比他（她）更重要。也许有一天，他（她）也会玩着电脑游戏不理你；

他（她）正专心致志地捏着橡皮泥，同事带着小朋友来家里拜访，在不了解对方的情况下，他（她）被迫和不熟悉的人亲吻拥抱。这时，你忽视了孩子自己的社交原则、他（她）对"亲密""信任"的界定。孩子会感到，自己的感受不重要，见人随便就可以拥抱，即使自己不愿意抱也必须抱；

你答应孩子晚上出去半小时就回来，结果他（她）一直在等你，直到困得上床睡着了你才回来，之后他（她）将很难再信任你；而出于内心愧疚，你很可能在其他时候例如物质满足、制定规则时妥协，并最终造成他（她）的任性；

当孩子哭着告诉你心爱的小汽车弄丢了时，你轻率地回答"没关系"——他（她）的感受被你轻易否定。他（她）最在乎的你却不在乎，有一天你在乎的，也许他（她）也会刻意去忽视并回应说"没关系"。

认真思考之后，我们会不寒而栗：原来我们就是以这样不公平的方式对待我们最爱的人的。

有一句非常通俗却是至理名言的话，那就是：如果你希望获得别人的尊重，就得首先学会尊重别人。相信大部分成人都能在社交中做到这点，而我希望的是，把这个法则也运用到对婴幼儿的看护中。如果你希望自己的孩子尊重你，就请你从他（她）出生的第一天起学会去尊重他（她）。

因此，我们不妨参考与同事、朋友、家人和谐流畅的交往模式，来思考如何具体做到尊重你的小人儿。

那么，对婴幼儿的尊重如何具体实施呢？

事先告知，尊重婴幼儿的第一步

在阐述这个观点之前，我想跟大家先分享两个生活中常见的对比案例。

案例 *1*　婷婷突然旋转的世界

婷婷正处于站立行走的敏感期，她独自站在休息区的认知墙前，来来回回专注地拨弄着墙面上的串珠，时而流露出欣喜的表情。外婆就"守卫"在她的身后，双手一直挨着她的后背，时刻准备着一旦婷婷站不稳或者站累了，能扶她一把。不一会儿，外婆很自然地把手摸向婷婷的尿片部位，自言自语道："尿了！"然后"不假思索"而"娴熟"地从后面抱起婷婷，转身走向母婴间。

婷婷的世界突然旋转起来，她"飞"了起来。在没有被告知的情况下，她不情愿地"飞"进了母婴室。她奋力摆动双腿哭闹着，倔强地反抗着……

10秒钟的时间，她被外婆"成功"地按在尿布台上，然后才听到外婆解释道："我们要换尿包了，换完了再玩，你想玩什么就玩什么，好吧？！"婷婷好几次挣扎着想起来，外婆微笑着哄着否定了她："你不要动啊，我给你换'包包'，换好你就舒服了。""乖，不哭不哭，哭就不是好宝宝了。"

就这样，万般无奈下，婷婷被不情愿地脱掉了裤子。外婆手忙脚乱地"操作"着（我猜她也希望快点完成，一个人带孩子她显得有些忙乱），匆匆换上了新尿片。外婆喘了口气，抱起了婷婷，习惯性地轻拍了一下她的屁股说："完事儿啦，你去玩吧。"

婷婷终于解脱，可以去玩她喜欢的玩具了，她却不动了。她依偎着外婆，举起一双小手，示意外婆"抱抱我"。外婆回应道："你不是喜欢自己走吗？"婷婷依然举着双臂，紧紧地抓着看护人的胳膊要求抱起来，外婆很无奈，最后只好选择把婷婷抱起来。

案例 2 备受尊重的小泰迪

吃完晚饭后我下楼去遛弯，走到绿植广场中央时，听到一位女士温柔地对着中心花坛说话："妞妞，你玩够了吗？我们要回家喽！妈妈饿了，要回家吃饭了！"我很好奇，这位妈妈怎么能让自己的孩子独自钻进50厘米高的灌木丛玩呢？

顺着灌木丛望去，只见远处有只小泰迪犬正欢快地用爪子拨弄着花草，玩得正酣——原来它就是这位女主人的"孩子"。

女主人悠闲地等待着，微笑着看着小狗。过了两分钟，她走向小狗，轻轻地抚摸它的毛发，温柔地说道："你这么想玩儿啊，可是我们要回家了……我再等你一会儿吧。"就这样，她又等了一会儿，小狗也绕着花园快乐地小跑起来，但最终摇着小尾巴，顺从地跟着主人回家了。

不知道大家看了这两个案例有什么感受。

一个是"不告知"对方、我行我素的处理方式，一个是明知对方不具备语言能力，还要坚持与它进行交流。很多时候，我们会把宠物当孩子来养，也会用把孩子当"宠物"养来形容对孩子的宠爱，上面的对比案例，却生动地展示了一个事实，那就是有时我们孩子的生活体验，还不如一只小泰迪犬。小泰迪犬在回家之前会被主人询问，得到主人最充分的尊重，而在案例 1 中，外婆表达爱和付出爱的方式，却只能是吃力不讨好。

一个有着真情实感的人，活在一个不被告知的环境中，会是一件无比痛苦的事。他（她）的世界是完全不可控、随时会被颠覆的。特别是婴幼儿，他们需要了解周围的世界是怎么样的，他们能参与什么以及以什么样的方式参与，这样才能有相应的心理预期，从而更好地与这个世界建立联结，最终培养起安全感。

刚刚出生的婴儿，在生活上是非常被动的。他们无法决定自己的衣着、住所、看护人，但是看护人却可以做到尽可能地告知，向婴儿提前说出自己的想法。"这个是湿纸巾，我用它来给你擦手。""我要把你抱起来，我们出去晒晒太阳。""你需要再吃一块西瓜吗？""今天我带你去公园，我们 10 分钟后出发。"这些不费力却贴心的交流，会大大改善看护人和婴儿之间的关系，增强他们的安全感。

也许有人怀疑，小小的婴儿能听懂这么复杂的话吗？

我的回答是，如果你不跟他们讲，他们会永远也听不懂；相反，如果你每次行动之前都提前告诉他们，会极大地帮助他们理解周围的世界。婴幼儿的语言就是在这样的过程中慢慢习得的。

当然，一开始，新生儿可能仅仅把你的提前告知当作纯粹的声音信息来处理，但这也已经足够给他们传递一个信息——有事情要发生，而且是跟他们有关的事，接下来他们就会密切关注你和将要发生的情况。对于新生儿，这是建立安全感的一个关键。渐渐地，重复的交流加上日常行为的示范，他们会记住这些声音，并慢慢地在大脑中把不同的声音与事物甚至动作连在一起。

看护过程中的语言，都伴随着相应的事物和动作。这种语言方式能够给婴幼儿留下最直观的印象，有效地帮助婴幼儿理解词语的含义。比如说，你抽出一张干净的尿片，一边展示给孩子看，一边告诉他（她）：我们要换"niaopian"了。久而久之，他（她）就会习得"niaopian"这个发音跟尿片之间的指代关系。

语言就像滚雪球的游戏，最初手心里的小雪球，会随着滚动不断变大，进而把更多的雪滚到一起。当孩子懂得越来越多，你们之间的交流也会越来越有效。

所以，如果你尊重婴幼儿的感受，就请你在抱起他们之前，提前告诉他们你要做什么；在你把他们放下来之前，同样也事先告知。这个小小的动作，不应该被忽视，因为它是尊重婴幼儿的第一步，和谐的亲子关系将由此建立。

从长远来看，我们这样"繁琐"的做法，也是把婴幼儿当作有独立人格的"人"来对待，是在改变他们的"被动"生活。这为他们日后成长为一个自信、积极的人，早早地埋下了一颗种子。

等待回应，不要扼杀婴幼儿的主动性

以尊重为原则与婴幼儿沟通相处，作为看护人，除了提前告知外，我们还需要学会等待回应。通过我们看护人的耐心等待，给予婴幼儿充足的时间去理解、揣摩和做出选择。

许多妈妈都有这样的体会，自己竭尽全力为孩子着想，可孩子却并不领情。当然，低龄阶段的反抗方式，还只是表现为拒绝配合和哭闹。问题就出在大人没有"慢下来"去等待孩子的反应上。

相对于成年人，婴幼儿的反应比较缓慢，他们需要充分的时间去理解你说的话，从而对即将发生的事形成一定的心理预期。但很多婴幼儿却并没有得到允许他们

慢慢做出反应的时间，他们的反应被视作是不重要的、可以忽略的。这种不被尊重的体验导致的结果，就是婴幼儿对看护人的抗拒。

对照成年人之间的交流方式，我们就能更容易理解这一点。

无论是同事、朋友还是家人之间的沟通，一来一往的互动是最基础的交流模式。在这个模式中，有时候倾听比表达更为重要。因为倾听是暂时地将自己放在次主体的位置上，给予对方充分的表达权。比如在公司，你提出自己的工作议案，需要等待同事们的讨论回复，而不是自己贸然行动；和朋友相约出游，你需要倾听对方的建议，而不是单方面制订约会计划；和家人，我们就更需要有商有量，规划经营共同的生活，而不是一意孤行。

对于婴幼儿而言，不同的地方仅仅在于，我们需要等待的时间可能会长一点，甚至需要去引导他们主动表达。自然，这也要求我们付出足够的耐心。

2 岁以下的婴幼儿，其实比我们想象的更有想法，只是因为语言表达能力的阶段性不足，很容易被大人忽视。他们的表达可能是单字短语，咿咿呀呀，也有可能是丰富的肢体语言。我们只有"慢下来"等待，细心解读他们的回应，才能更清晰地了解他们的想法，从而更好地进行沟通。这一点格外重要！

一次，我在早教中心无意中遇到一对母子，孩子大概18个月，妈妈对他说："儿子，快走，Andrew老师来了，我们要上课咯，赶快进教室！"但不知道为什么，小男孩就是不愿进去。于是，妈妈便直接把他抱到教室里，放到了Andrew老师面前。

"你在家不是天天吵着要见Andrew吗？他就在这里，Andrew老师好，你抱抱老师吧。"妈妈一连串地说道。小男生有些迟疑，一直想往外走，趁着妈妈不备，机灵的小家伙冲到了教室外的大门旁，用力地按着放在那儿的免洗洗手液。

直到这时，妈妈才意识到，原来刚才孩子想洗手——这是老师每次都强调的，先洗手再进教室上课。孩子记住了并坚持遵守，妈妈反而忘了。小男孩洗完手后，满意地走回了教室。

所以，我们真的需要多等待一会儿孩子的反应，不要扼杀孩子的主动性。

如果我们能付出多一点耐心，尊重他们的意愿，就会发现这种交流方式虽然有点"慢"，但其实是在鼓励孩子建构他们的自我人格。

不能哭的孩子，也很难笑得大声

我想特别地谈一谈对婴幼儿哭泣的尊重。

所谓尊重婴幼儿的哭泣，主要指的是我们要正视并接纳婴幼儿的情感需求，保留他们对真实情感的体验，协助他们更好地学会认知自己的情绪，并习得自我修复的能力。正如美国著名的育儿专家劳拉・马卡姆博士在她的著作《父母平和，孩子快乐》中所说："孩子也需要体会自身情感，然后才能排解，让它们消失。"

因此，就像我们不会禁止婴幼儿快乐开心地笑一样，我们也需要适当地保留婴幼儿哭泣的权利，而不是忙于禁止和扼杀。

通常情况下，下面几类情况看护人会阻止婴幼儿哭泣。

第一种，根本不给婴幼儿哭泣的可能性。也就是在生活中不让婴幼儿有任何受挫的可能，不会让他们饿一分钟，也不容许他们跌倒，生怕其他小朋友"抢"他们的东西，总之极度"操心"地呵护着孩子。

第二种，口头禅是"别哭"或"不哭"，习惯用这两个词制止婴幼儿的情感表达，认为哭是一件坏事，哭就不好。事实上，当孩子失落或者受伤的时候，他们拥有表达和宣泄情感的权利，哭泣能帮助他们更快地修复自己的情绪。

第三种，当婴幼儿哭闹时，总是用其他事物去转移他们的注意力，认为这是一种既轻松又好用的方法，其实是忽略了孩子的真实感受。

第四种，直接用成人的价值观去判定婴幼儿是否应该哭，尤其是男性家长，喜欢用"你是男子汉"来要求一个对性别还没有概念的婴幼儿。"别哭，没关系""别哭，你很坚强"是他们的口头禅。这固然是一种好的意愿，希望孩子成为坚强的人，但是未必会达到效果。

下面是一则比较典型的案例。

案例 3 从没有摔倒过的孩子

有一次，在早教中心，一个正在学步的孩子由看护人牵着小手过一座小木桥。一不留神，孩子的脚踩空摔了下来，哇哇大哭起来。看护者立刻脸色苍白，她一把抱起孩子，快速地坐到了角落。我猜测她应该不是孩子的妈妈，便走过去问："您是？""我是她的保姆。"她回答。我笑着轻轻地摸着孩子的头，安慰道："你摔到哪儿了，疼吗？"试图通过语言的交流，帮助孩子和大人平复情绪。保姆一脸自责地说："这孩子长这么大，从来没摔过，更没哭过，她妈妈要知道可就麻烦了。"我不明白她的意思，追问："是有什么特殊的原因吗？""没有啊，就是家里看得重！"保姆回答我。

顿时，我对这个孩子充满了怜悯！因为在我看来，她的父母虽然为她支付了昂贵的学费，却剥夺了她体验本真世界的权利。

尊重孩子，就应该赋予他们体验真实生活的权利，让他们参与到真实生活的细节和情感中来。既然能开怀大笑，同样也有权利去尝试"眼泪"。像成人一样，他们需要多长时间去释怀，就会多珍惜欢乐的来之不易。

在相对安全的前提下，去体会争夺、矛盾，体会拥有、失去。其中有欢笑，有哭泣；有强势，有回避；有努力，有舍弃；有得意，有失望……这才是真实的生活。而太多的婴幼儿却被"剥夺"了生活在这种"本真"环境中的权利。这些不被"尊重"的体验，将会给他们

▲ 就像我们不会禁止婴幼儿快乐开心地笑一样，我们也需要适当地保留婴幼儿哭泣的权利，而不是忙于禁止和扼杀。

未来的成长埋下隐患——生活在这个世界，却不了解这个世界，更谈不上如何去应对这个世界！

国内目前的特殊情况是，很多孩子熟悉的社交环境是 1 比 6，也就是说一个孩子会有六个大人来看护。这是一个一切以孩子为中心的"不平等"的社交环境。孩子处于绝对的"优势"地位：摔倒了，全家人都急着赶过来扶；正式开餐前，鸡腿已经内定是孩子吃；明明已经可以自己走了，但孩子一撒娇，六个成人轮着抱，甚至抢着抱……

这不是真实的社交环境。真实的社交环境中，谁也无法保证自己永远是别人关注的核心，也无法保证他人视自己的利益高于一切。

当有一天，我们的孩子走向"平等"的校园或社会生活时，他们会非常不适应，甚至会自卑、迷失。因为他们再也不是那个"唯一"。他们可能摔倒，但不一定会有人把他们扶起来；因为用餐要讲究秩序，必须学会与别人一起分享；老师不可能抱起每一个不愿走路的孩子，所以必须自己走。太多的事物，都需要他们自己去努力和争取，慢慢地融入集体。

所以，如果你爱孩子，就请尊重他们，让他们活在"本真"的环境中，勇敢地去体会努力、委屈和哭泣。当然，他们同样也会收获快乐、幸福和掌声，并且加倍珍惜。

案例 **4** 海绵球争夺战

Lucas，男宝，17个月；窗窗，女宝，16个月

Lucas 走进 PREC 教室时，手里拿着一黄一红两个小球，但是一见到教室里各种有趣的玩教具，立刻把它们丢在了一边。比他小一点的窗窗看到了，欣喜地把球捡走了。Lucas 游玩一番后，忽然意识到自己的海绵球不见了。巡视了一周，他发现自己的"爱球"原来攥在窗窗手里。于是，Lucas 开始追着窗窗索要："球，球！"

窗窗选择向爸爸求助，爸爸建议窗窗把球还给Lucas，窗窗不接受爸爸的建议，又转向阿姨求助，阿姨笑了笑没有表态。Lucas回看不远处的我，我微笑着用眼神示意他"我明白你的意图"，但是也没有发表任何意见。Lucas继续"黏"着窗窗不放，窗窗走到那里他也跟到哪里。

加餐时间到了，窗窗为了吃东西，一不留神丢下了手中的两只海绵球。Lucas欣喜地捕捉到了目标，失而复得的他格外开心，一个人坐在小台阶上美美地攥着小球。

窗窗用完餐后意识到"局面"有变，她也选择了同

扫二维码，观看视频

样的"战术"——"黏"着 Lucas。Lucas 试图把球藏到储物盒里，结果发现储物盒没有盖子。然后他迅速地在教室里奔跑起来，嘴里哭喊着："爸爸，妈妈！"他看到了我，立马跑过来坐到了我怀里。窗窗紧随其后，锲而不舍地伸手向 Lucas 要球。"不要，不要！"Lucas 口头回应道，并看了看我，我没有吭声……

就在一刹那间，事态出现了一百八十度大转变，出乎所有人意料，Lucas 主动把海绵球送给了窗窗……

这是一场延续了 90 分钟的持久战！

窗窗的爸爸虽然给了窗窗建议，但他并没有强行要求窗窗。阿姨也选择尊重孩子们自行解决问题的权利。作为 Lucas 的母亲，我也很好奇并期待两个孩子"较量"的结果。当 Lucas 向我寻求帮助时，我用客观的语言描述了他心里的想法，其实也是在表达对他的理解和认可。

也许是 Lucas 累了，也许是从窗窗的眼神中看出了她的执着，总之最终两位孩子用"谦让""和平"的方式解决了争端，再次向我们展示了他们的伟大和智慧。

其实，尊重孩子生活在"本真"的社交环境中，也是培养高情商宝宝的必备条件。如果孩子未曾深切地体验丰富的社会情感，又怎么能期待他们换位思考、与人为善呢？

2. 参与（Participation）

人之初的两年，婴儿从"水栖"转向适应"陆生"，从最初的躺卧到大约 12 个月龄能独立行走，再到逐渐习得独立进食、如厕……他们无疑需要我们完全的爱与专注的看护。在这一阶段，如果能把看护和教育高度地融合在一起，无论对于婴儿还是看护人，都是最理想的状态，也能带来最直接的效果。在我看来，在安全的前提下，尊重而耐心地对待婴幼儿，极大化他们"参与"社会生活的"机会"，是把"养""育"有机地结合在一起的重要方式。

根据我的观察，很多看护人都是"急脾气"，或者说是"太能干"了：

孩子饿了，半分钟就冲好了奶粉，并把奶嘴塞到了孩子嘴里；

水洒地上了，马上就拿来了抹布，10 秒钟清理干净；

半分钟内给孩子擦了 10 次口水，生怕弄脏衣服；

孩子小手刚一指玩具收纳盒，立刻就把整个盒子搬过来让孩子玩……

借用一休哥的口头禅，请"休息，休息一会儿"。这时看护人最需要的，其实是先停下来观察，然后再决定哪些事该做，哪些事可以不做。

成人总是习惯用自己的猜想，去判定孩子的行为，或是用自己处理事情的标准，去衡量孩子做事的好坏优劣。通常情况下，我们会认为孩子还太小，能力不够，太多事做不了也做不到，甚至会把事情弄得一团糟。但这样一来，婴幼儿大量美好的"参与式"成长体验，就被我们的"急脾气"剥夺了，相应地，他们提升自我的可能性也就被"扼杀"了。

经常会有家长一脸焦虑地来问我下面的问题：

● 我的孩子 8 个月，总是喜欢把各种东西往嘴里放，怎么办？

● 我的孩子 11 个月，经常玩我的手机，已经摔坏好几部了，怎么办？

● 我的孩子 16 个月，特别爱玩水，每次我洗碗的时候他也凑过来，弄得厨房乱七八糟。

● 我的孩子 22 个月，穿衣服时她一定坚持自己拉拉链，别人要是给她帮忙，反而会把她急哭。

听了上面的问题，我最想说的是，如果我是这些孩子的父母，面对孩子们的这些行为，我将会无比开心：因为我拥有一个健康、聪明、爱学习的好孩子。

8 个月的孩子，也渴望尽其所能地参与到对周围世界的了解中。吮吸和啃咬是他们最便捷、最擅长的探索方式，而且还能帮助他们找到自己需要的安全感。难道你能希望孩子遇到问题像成人一样查字典或上网搜索？

11 个月的孩子总是玩手机，因为手机的多样化功能和易操控性对孩子有着致命的吸引。而且，我相信这个家庭的看护成员也一定频繁地使用手机。成人对手机的"不舍不弃"会大大激发婴幼儿的参与。换句话说，如果宝宝爱玩手机，很可能是以大人为榜样。

16 个月的孩子爱玩水，这真的仅仅是孩子的问题吗？我们成人不也喜欢玩水吗？不然为什么每次都把海边度假作为最奢侈的休闲方式呢？宝宝会想，妈妈可以自由地"玩水"（洗碗），为什么我就不能呢？

22 个月的孩子，精细动作发展愈加成熟，自我意识更加强烈，渴望成为独立的自己，孩子坚持自己拉拉链不仅没错反而非常可贵，大人着急帮忙反而是多此一举了。

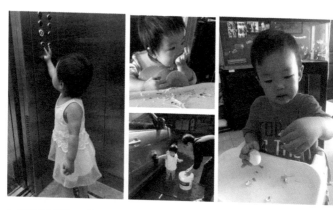

▲ 在安全的前提下，尊重而耐心地对待婴幼儿，极大化他们"参与"社会生活的"机会"，是把"养""育"有机地结合在一起的重要方式。

所以，恳请大家不要埋怨婴幼儿们太"淘气"，他们无非就是希望参与到我们的社交生活中来，成为自信独立、有解决问题能力的人。

了解婴幼儿的发展特点，尽力提供参与机会

每次做PREC课程分享的时候，我总是会问看护人："最近您的孩子又有了哪些新的生活体验？"每每都会得到很多新的想法。大家互相借鉴和学习，对彼此都非常有帮助。下面是家长们给出的一些回答，可供大家参考：

> 让孩子按电梯的上下键或者楼层键；
>
> 让孩子把玩具放回到收纳盒里；
>
> 让孩子帮忙找鞋在哪里；
>
> 让孩子自己用勺子舀奶粉；
>
> 让孩子自己把袜子夹上晾衣架；
>
> 让孩子把垃圾扔到垃圾桶；
>
> 让孩子开关灯；
>
> 让孩子自己剥蛋壳；
>
> 让孩子自己拉拉链；
>
> 让孩子自己扶站而不是由成人牵着；
>
> 让孩子给花草喷洒水；
>
> ……

其实，我们的生活，婴幼儿可以参与的还有很多，前提就是我们要给予他们参与的机会，甚至给他们创造参与的条件。他们具体参与什么，什么事情在什么年龄阶段可以开始参与，以及参与的方式、程度如何把握，这些都需要我们对婴幼儿的发展特点，或者说参与能力有个客观的评估。

0到3岁婴幼儿发展综合表

	0到4个月	4到8个月	8到12个月	12到18个月	18到24个月	24到36个月
生理发展	运动方式从反射运动到更多的有目的的运动	会有目的地移动	爬行	能独自行走	踢腿、投掷、攀爬、跑	学会上厕所
	抬头	开始发展手眼协调能力	坐起	探索他/她周围的环境	发展眼手协调能力以及手指捏握物能力	能够做完整的运动：跳跃、跨越
	从一边移动到另一边	探索自己的脚	弯腰	攀爬	能拿住一些工具，比如：颜料刷、蜡笔、粉笔	能拓展最大的能力范畴，搬重物，能长时间行走，完善的大肌肉运动能力
	可能会翻身	从趴着的姿势翻身，从仰卧到趴身到趴着的姿势	旋转运动	打开/合上物品	可以自己脱衣服	能骑三轮小车
	喜欢研究小手	会同他们的看着或者听到的物品或者声音移动	扶着东西站起来，扶着东西走	使用工具，比如说勺子	18颗乳牙	能自己穿衣服
	拿到东西往嘴里放	可能会坐起来或者会爬	可能会走	拿着物品行走		喜欢攀爬
	伸手去够物品	在两只手之间来回传递物品，倾斜着倒下去	抓住东西并松手，扔东西	使用手指捏握物品		继续发展手指小肌肉的精准性

续表

	0到4个月	4到8个月	8到12个月	12到18个月	18到24个月	24到36个月
认知发展	会用视觉追踪一个物品	能区别不同物品的性能	识别自己的名字并知道熟悉的物体名称	喜欢对立的、相反的事物	开始自己思考	开始区别真实和想象
	会向自己熟悉的人展示自己感兴趣的某一事物——能够分辨出熟悉的人和物对特定环境的某人和物	能解决简单的问题	有记忆——开始记住周围的人、事和物品	识别物品和图片	在思考的时候可以使用之前在脑中已经储存的对象的象征符号、象征性思考	能记住常规的序列
	当别人讲话时，会盯着别人的嘴型	在脑中保存住自己的对某些事物的印象（物体永恒性）	在记忆中保存着一些概念	实践实验和验证错误	会记住有特殊意义的人	能区别尺寸和形状
	长时间注视某些物体	重复性动作	象征性地思考	重复一些动作	对陌生人有回应	能分类
	有好奇心——表现出对环境很感兴趣	有目的地移动自己的身体	有理解能力——开始理解简单的指令，一些词语和肢体语言	能理解物品都有名字	思念父母	能理解指令
			能理解由两三个词组成的句子	对因果关系很感兴趣	开始玩有想象情节的游戏	能画圆圈
			出现有目的的举动	对命令或要求有回应	不会轻易分散注意力	开始理解因果关系
				会做出兴趣返回的游戏	以自我为中心——以他人的角度出发看问题	在游戏中融入一些主题
					会演绎推论	

续表

	0到4个月	4到8个月	8到12个月	12到18个月	18到24个月	24到36个月
社交情感发展	社交性微笑	探索他/她周围的环境	期望活动	非常有激情	能觉察别人的感受	可以独自开心地玩，但更希望有一个观众
	互动性微笑	主动的社交互动	有情绪的表达	会表现激动和兴奋强烈的样子	通过微笑、拥抱和亲吻表达对父母的喜爱	理解自律，但是会抗拒
	对熟悉的声音有回应	对陌生人产生焦虑	期待爸爸、妈妈回来	喜欢有一个观众	能够表达感受	需要制定界限
	认出自己熟悉的人后会报以微笑	表现出抵抗——开始情绪发展自己的意愿	跟别人玩更多的互动性游戏（躲猫猫）	开始有向后视角	将增长中的分离意识跟自我的脆弱感相结合	开始明白情绪产生的原因
	能感受别人的关注并对此有反应	出现有目的的行为		坚持他/她自己的方式	会指挥成人	在有依赖感和独立性发生冲突
		表达情绪（高兴、悲伤、紧张等）		是个仔细的观察者	为成果感到自豪	扰攘不决
		明显的微笑		对同龄人非常感兴趣	在兄弟姐妹们间有强烈的争宠欲望	向分享意识发展
		寻找别人脸上的反应			分离焦虑	喜欢做家务：想帮忙
					平行性游戏	在平行游戏时会参与合作
					可能出现经常反对别人说法或者做法的时候	接受合理的规则，界限
					需要限制，界限	跟别人玩角色扮演游戏
					会故意挑战界限	出现跟他人建立友谊的迹象

续表

	0到4个月	4到8个月	8到12个月	12到18个月	18到24个月	24到36个月
语言能力发展	轻声地发声	呼呼学语	开始理解语词是有意义的	可能会说"请"	语言爆发期；能说大概200个单词	能够学习歌曲；喜欢韵律
	把舌头放在唇间发声	可能会说"ma ma"或者"da da"	说第一个有意义的词汇	模仿某些动作	含有2-3个词语的简单句子	能造更复杂的句子
	自己制造一些声音	发展更多的有选择的倾听	模仿声音和发声方式	为物体命名	一次可以听从2个简单指令	会使用复数、名词、动词、形容词、前置词和介词
		理解手势	展示有象征义的手势	重复动物声音	有理解能力并且能够回答问题	会自己描述或者提问
		开始跟其他婴儿沟通或者对此表现出兴趣		在沟通时可能会使用一些词语	可以进行对话	用窃窃私语商量小计谋
				吸收语言并尝试沟通	在涉及自己时会使用"我"	能重复听过的故事或者玩过的游戏
					模仿口语的曲折变化	
					有目的地交流	
					会演绎推论	

上面这张 0 到 3 岁婴幼儿综合能力发展表格，分别从语言、认知、社交、体能方面对宝宝的阶段性特点进行了描述。

当然，每个孩子都是独立的个体，也存在一定的个体性差异性，所以需要大家具体情况具体分析。

我们必须"慢下来"

我们只有"慢下来"，少一些"添油加醋"，宝宝才有机会成为最本真、最原汁原味的自己。

请大家跟我一起来看下面的这张图片。你看到了什么？你能猜到接下来会发生什么事吗？

10 个月大的小男生 Boris 正处于爬行阶段，他发现

扫二维码，观看视频

远处放着一个装有黄豆的矿泉水瓶和一个蓝色的水盆，于是义无反顾地爬了过去。

接下来会发生什么？你的答案是否跟下面的相似：

- 他选择继续前行，捡起矿泉水瓶观看里面的黄豆；
- 他直接拿起矿泉水瓶，努力摇晃里面的黄豆并敲击地面；
- 他直接推倒矿泉水瓶，捡起水盆扣在头上；
- 他用力拨开水盆，结果矿泉水瓶也跟着倒了；
- 他的看护人走过来，主动捡起矿泉水瓶递给他并跟他一起玩；
- 旁边的婴儿也爬过来，拿走了矿泉水瓶，Boris 不乐意了……

相信 100 个人会有 100 种猜测，演绎出 100 个故事。

真实的答案是：在爬行过程中，无意间 Boris 的手碰到了地面上的一把黑色铲子，敏感的触觉使他立刻停下来，捡起铲子就地而坐，开始对铲子进行一番探索。

这就是所谓的"慢下来"，它意味着你不必去费心做任何预测，让孩子自己去"参与"就可以了，这样他们自己的"故事"会更精彩、更特别，并最终成就最"本真"的自我。我们要做的，就是"慢下来"，驻足观察。这也是"有品质的看护"的一种表现。

下面这个故事也许会让你更有启发。

案例 5　对花瓶好奇的云耕

云耕，男宝，22 个月

云耕沿着教室的墙壁走走停停，每次课程开始前他都会这样，喜欢静静地巡视一番，寻找自己感兴趣的事物。这次他把目光"锁定"在花瓶里新插的野菊花上。

他走近花瓶，观察了很久，然后伸出右手去摸橘色的花瓣，轻轻地捏了捏，花瓣没有脱落，依然美丽地绽放在枝头。我一边观察云耕，一边也观察着不远处云耕的父亲。只见父亲皱起了眉——我知道他的担忧，一方面担心云耕把鲜花弄坏，一方面担心他把玻璃花瓶打碎扎了手。是否需要"出手"呢？他选择了"慢下来"，再观望等待一会儿。

接下来，云耕把鼻子往花儿上凑了凑，小心翼翼地闻一闻，停顿5秒后，又凑过来闻了一次，然后十分满意地离开了。

不得不为云耕父亲的"慢下来"鼓掌！

试想，如果他没有选择等待，而是主观臆断孩子的可能性行为，一场"警察"与"伪犯罪分子"的"冤案"就会上演。

而在生活中，看护人经常会无意识地扮演"警察"的角色，孩子则被当作"恐怖分子"来监视。"不行""不能动""不准"，类似的表达每天充斥着孩子们的耳朵。不仅没有自由和尊重，还经常被"误解"和"怀疑"，亲子之间的信任关系屡屡遭受挑战，孩子的探索精神、求知欲望也常常受到威胁。显然，这并不是我们想要的。

如果我们每一个看护人都能像云耕父亲一样，更多地尊重孩子的意愿，"慢下来"去处理事情，不仅能还孩子一个"清白"，更重要的是还能赢得孩子对你的无限信赖。

我们只有慢下来，少一些"主观判断"，才会有机会观察到婴幼儿真正的发展状态和行为动机。

元宝，男宝，15个月；菓菓，男宝，22个月

　　15个月的元宝已经可以自由行走，他正一遍又一遍地把黄色小汽车放到滑梯的顶端，看着小汽车自然地下滑，他觉得非常有意思，嘴里时不时发出"咯咯咯"的笑声。正在旁边玩耍的菓菓被吸引了过来，年纪大一点的菓菓直接把元宝的小汽车抢到手中，拿着跑走了。被"横刀夺爱"的元宝当仁不让，在后面追赶着不速之客，希望夺回他的玩具。这时，元宝妈妈发现身边还有一个红色小汽车，就拿起来递给元宝，安慰他说："你看，这儿还有小汽车，你玩这个吧。"元宝先是接受了妈妈的建议，捡起了红色小汽车，但看了一眼后，还是执着地奔向菓菓。菓菓看到元宝手中又有一辆新车，萌生了新的好奇心，成功地拿到了元宝手中的红汽车，而元宝也趁机巧妙地取回了自己喜欢的那辆黄色小汽车。两个小朋友四目相对，互相看了两秒，谁也没说什么，各自玩耍起来。

　　在生活中，这种两个孩子争抢玩具的场面，通常会

遭到成人的强行干预，很多看护人习惯去扮演"法官"或"调解员"的角色而浑然不觉有什么不妥。我们刚刚分享的这个案例非常宝贵，它是孩子们自己解决纠纷的一个完美典范。好在母亲只有一次"建议型"的"黄色干预"（详见第106页），这样我们才有机会继续跟踪事情的进展。

显然，元宝在乎的不仅仅是有小汽车玩，而是希望拿回自己一开始玩的那辆，他对每辆汽车的所属权有自己的界定。如果没有在旁边静心观察，我们不会亲眼见证这一点。可贵的是，双方看护人都没有强行插手此事，而是尊重他们自己的处理方式。当然，我们看到的快乐结局似乎多少有点意外，但细想一下，却又觉得在情理之中。孩子们比我们预想的要了不起很多。

案例 7　就要坐在木盒子上的窗窗

窗窗，女宝，16个月；Aileen，女宝，16个月

这是窗窗和 Aileen 第 5 次参加 PREC 亲子课程，两位小女生并排坐着，很是亲密。窗窗手里拿着一个木盒子，放在自己的板凳上，然后踮脚坐了下来。过了一会

扫二维码，观看视频

儿，她又站起来，就在她踮起脚尖准备再坐下来时，坐在一旁的 Aileen 趁机把盒子拿走，扔到了地上，并用手拍了拍板凳，示意窗窗"请坐下"。

就这样，两个孩子重复着各自的动作，来来回回好几次。最后，窗窗索性拎起自己的木盒子离开板凳，爬上了木桥。她把木盒子放在桥上，一屁股坐在了上面。这一刻的窗窗，平静中似乎还带着一丝幸福。

原来，她就是想坐在木盒子上面呀。

窗窗的故事让我们不由会心一笑。

还好，我们"慢下来"了，才有这样的机会去发现窗窗的可爱，而窗窗也有了去做她真正想做的事情的可能。我们不得不惊叹她不达目的誓不罢休的精神和聪慧灵活地解决问题的能力。可以说，这完全超出了我们成人的想象。

我们只有"慢下来"，少一些"拔刀相助"，才能让婴幼儿获得亲身解决问题的体验。

案例 8　翻滚的 Toby

Toby，男宝，9 个月

Toby，身体发育得非常好，刚刚 9 个月就已经身高 80 厘米、体重 11kg 了。相比同龄的婴儿，他的爬行期来得晚了些，现在还不会真正意义上的爬行。

我建议家长把他平放在地板上，给他更充分的自由，让他去做自己喜欢的事。远处的小铁皮盒盖吸引了他的注意力，他肚皮贴着地面，上下肢同时向相反的方向使劲儿，努力了很久都动弹不得。他停下来歇了歇，一眼看到近处的小方块，于是用手指轻松地把小方块捏起来。他不停地用小方块敲击着木地板，大约有两分钟的时间；又转身看着远处，还是对小铁皮盖子"情有独钟"。

接下来，Toby 的行为让我们在场的人都大吃了一惊，只见他用侧身翻滚的方式，"滚"到了小铁皮盒盖旁边，拿到了心爱之物。

我们经常会谈论如何从小培养孩子顽强不屈的毅力，面对 0 到 2 岁的婴幼儿，要做的就是珍惜他们努力挣扎的体验，不要在过程中不必要地介入。你的介入只会形成孩子对成人的依赖，并错误地认为解决问题的办法就是依靠他人。

相反，如果我们给予他们挣扎努力的机会，让他们反复地尝试挑战，他们一定会"发明"自己的方式去克服这些难题，因而变得越发自信。努力的过程让他们更加了解自己的能力，证实自己的实力。

上面的案例中，如果看护人没有"慢下来"耐心观察，而是直接介入把铁皮盒盖子递给 Toby，那么他几乎就没有可能再去玩小方块。正是由于第一次尝试失败了，Toby 才找到小方块来调解自己；而正是有了对小方块的探索和了解，才促使他再一次发起挑战，希望征服远方的铁皮盒盖子。最终，Toby 发明了自己的方式，"翻滚着"

巧妙地解决了问题。

Boris，男宝，8 个月

扫二维码，观看视频

　　Boris，很结实的一个"小男生"，8 个月大就已经
能够肚皮离开地面自如地爬行了。这是他第 5 次参加
PREC 亲子课程。妈妈把他放到海洋球池里，微笑着对他
说："Boris，妈妈就坐在窗户边上。"然后就在一旁开始
了安静的观察。

　　Boris 慢悠悠地拨弄着池子里的小球和玩具娃娃，15
秒钟后，他扶着球池的出口平台（大概 40cm）准备爬出

来。起初他尝试扶着球池边缘，双膝跪在平台上，但俯下身一看太高，就又坐回到球池里。四顾看了一下周围的玩具，5秒钟后，他又发起了第二次尝试，但也退却了。

最后，Boris选择倚靠着出口平台站着，上身向下尽量弯曲，努力踮起脚尖向头部和手臂方向发力，嘴里还发出"嗯……嗯……"的声音（跟宝宝拉便便时发出的声音相似），5秒，10秒，15秒，他的小脸都涨红了。这时妈妈也一脸惊讶，看神情非常想冲过去帮忙，却克制着自己，选择了"慢下来"——尊重Boris努力成长的机会。

终于，Boris手指触到了球池外的地面，慢慢地整个手掌着地，地面支撑住他的身体，他缓慢又小心地向前交替移动手掌，成功地爬了出来。再看Boris的妈妈，深深地吐了一口气，脸上流露出自豪的微笑。

我们总是习惯性地过度保护孩子。的确，婴幼儿在探索过程中存在着一些潜在的危险，但这并不代表你永远不能放手。"不放手"只会让你的孩子越来越被动，最后成为"小木偶"，而家长则要负责"操作""牵引"他们一辈子。

我经常对家长说，当婴幼儿在做有难度的挑战活动时，大人必须在旁边保持高度的专注，最好能与离婴幼儿保持一只胳膊的距离，这样可以确保一旦危险发生你能及时援助。很高兴看到 Boris 的母亲没有中途介入孩子的"自我挑战"，换句话说，她慷慨地给予了孩子努力"挣扎"的机会。与其扮演"超级英雄"，不如选择"慢下来"尊重孩子的努力。当然，她也因此看到了连自己都难以置信的一幕，充满惊喜地对我说："我之前从来不知道他有这么厉害，竟然自己爬出来了……"

案例 *10* 反复尝试从尿布台下来的 Lucas

Lucas，男宝，16 个月；Aileen，女宝，15 个月

Lucas 沿着小楼梯顺利地爬上了尿布台，很是自豪。站在 1.1 米高的尿布台上登高望远，让他很有成就感。Aileen 也跟着爬了上来，尿布台一下变得很拥挤。

我问 Lucas："你要下来吗？"他回答："是的。"接着他用眼睛瞟了一眼身旁的 Aileen，因为 Aileen 坐在尿布台小楼梯的通道口，堵住了 Lucas 下来的路。

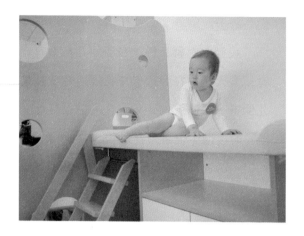

扫二维码，观看视频

他再次跟我说："我要下来。"我看出了他的意图，他需要我的帮助。

"你需要我帮你吗？"我问。

"帮我。"Lucas 说。

于是他坐到尿布台上，转过身来，整个下半身悬空"挂"到尿布台上，等着我的接应……

但我选择了等待，"慢下来"等待，看看他会如何应对。等待了 5 秒后，Lucas 发现"救兵"接应不到位，就挣扎着又爬上了尿布台，坐下来面对面和我再次确认："下来！"

"你需要我的帮助吗？"我啰嗦地跟他确认。

接着，Lucas 重复之前的动作，再一次趴着悬在空中，等待我的"救援"，这次我履行了自己的承诺。在共同努力下，他安全"着陆"了。我轻轻地摸摸他的头，他继续到旁边玩去了。

Lucas 爬下尿布台的过程，其实是升华版的"慢下来"。除了给了他参与解决问题的机会，作为看护人我还适当地加大了问题的难度系数：根据他的发展能力，设定了更高的目标。过程中反复的对话，让婴幼儿意识到在社交中交流沟通的重要性。通过"慢下来"，Lucas 体会到克服困难的不易，激发了他分解问题的能力。"慢下来"延迟了孩子的满足感，其实也是对孩子的一种锻炼。

本真的生活不就是这样吗？不是你需要帮助的时候，就一定会有人来帮你；不是所有愿意帮助你的人，都像你期待的那样神通广大，及时、给力。要成功地做一件事，需要我们去思考，去核实自身的实力、可用的外部资源，适时适度地沟通协商，最终才能达到完美的结果。

因此，我们要从婴儿阶段就"慢下来"，锻炼孩子积极、耐心、努力生活的能力。

互惠互利的原则

所谓互惠互利，其实就是双赢。孩子参与到日常活动中来，他们的好奇心得到满足，能力得到提升，而作为父母或看护人，你也能一定程度上得到"解放"，适当地放松，或者享受属于自己的时间。

我和先生都是工作狂人，对事业有着极高的热忱，除了正常工作，主动加班也是常有的事。Lucas17 个月的时候，我给他选择了幼儿园托管，每天傍晚 5 点到早晨 7 点以及周末两天，都需要我俩兼顾工作的同时照顾好他。我们一家人能够快乐和谐地相处的"法宝"，就是互惠互利。

每天早晨的时间是最紧张的。北京交通拥堵，我先生很早就出发了，我需要先把自己整理好，还要在 8 点前把 Lucas 也送到幼儿园。

起床后，我会带着他给他冲泡奶粉。具体的做法是，我让他摸摸水温是否合适，合适的话，让他把水倒到奶瓶里。我特意做了个明显的标识，让他知道 210ml 的界线。我让他自己用勺子舀奶粉，告诉他需要平勺，勺子装满奶粉后，在奶粉盒的边缘轻轻把多余的部分抹掉，再倒入奶瓶中。然后，他自己盖上盖子，双手摇晃奶瓶把奶和水摇匀。最后，我会询问他想在哪里喝奶，因为他习惯和他亲爱的大玩偶熊坐在一起喝奶。即便我知道，但还是坚持问他，好让他享受自己做决定的快乐。

◀ 孩子参与到日常活动中来，他们的好奇心得到满足，能力得到提升，而作为父母或看护人，你也能一定程度上得到"解放"……

Lucas 喝奶期间，就是我整理自己的时间了。喝完奶后，Lucas 会希望自己刷奶瓶、漱口。于是我把他领到卫生间，他踩到凳子上，确保能够到洗手池，我给他穿上防水罩衣，给他相应的工具，他就开始了自己的"玩水工作"。这个时候，我会到厨房给他煮一个鸡蛋（鸡蛋是他最爱的食物），然后去忙其他事情。

其实，我从来没有奢望过 Lucas 自己能把奶瓶刷干净，但我知道他很想尝试，而且只有做过才会做得更好。我会带着他照镜子，检查五官是否洗干净。通常，这样的对话会让他更熟悉五官的各个英语单词，调动他主动洗脸的积极性。他也很愿意认真地自己洗脸，一边洗一边照镜子检查自己的工作成果。

等我闲下来，我会去问他："你忙完了吗？鸡蛋煮好了。"他会开开心心地摘下防水衣，去看煮好的鸡蛋。Lucas 的探索欲望很强，他非常希望能自己拿鸡蛋，我会把他的小手贴近蒸汽，让他感受烫烫的温度，知晓隐形的危险，然后抱着他给他一个漏勺，让他自己把鸡蛋从锅里舀出来。一开始，他手腕力气不够，舀出来的鸡蛋掉地上摔碎了，他特别难过。一两次的练习之后，他就非常熟练了，并慢慢了解到用纸巾把鸡蛋包住就不那么烫了。

如果还有时间，我会让他在家剥掉蛋壳吃完；时间不够我们就先赶去幼儿园，把鸡蛋放在他的衣服口袋里（他就像口袋里有个金蛋蛋一样欣喜）。

出门前，我也会把车钥匙交给他由他掌管，这也成为他配合出门的动力之一。坐电梯到车库，由他来按开车门，再一次满足了他的操控欲望。当然，他最后也会乖乖地把钥匙及时还给我。

这就是我们生活里的一个小片段，在我给予孩子参与机会的同时，他的独立能力也得到了大大的鼓励和培养，而我也因此有了片刻的清闲和高效的工作成果！

PREC

participation | respect | environment | care
参与 | 尊重 | 环境 | 看护

第三章　给婴幼儿一个本真的成长环境

杜威（1859—1952）是美国著名的哲学家、教育学家，他主张："一般来说，生长是自然的过程，但恰当地认识和利用它，是智力教育方面最紧要的问题"。在他看来，儿童的教育要置身在适当的环境中，获得适当的刺激；环境会给儿童提供生长的条件，使他们的各种能力得到长足的发展。

蒙特梭利教育也主张，空间环境是教育的必要因素，应该对空间环境、材料及其组织进行认真的设计和选择。环境应该是有秩序的、宁静的、美好的、吸引人的。瑞吉欧教育更是指出，环境是儿童与儿童之间，儿童与成人之间，儿童与物之间互动的关键因素，是除了家长、父母之外孩子的第三位教师。

由此足见婴幼儿成长环境的重要性！

首先，我们要让孩子生活在真实的自然环境中，多接触有灵性的动物和植物。花草需要阳光雨露，小乌龟也需要喝水喂食，相比一些仅仅起到装饰作用的假花或者动物卡片，这些鲜活的生命更能唤起婴幼儿的好奇心，培养他们的观察能力，唤起他们对生命、对大自然的理解和爱。

除了真实的自然环境，我们也要让孩子生活在有"自然竞争"的环境中，去体验快乐、失望、争抢、忍让等情感，这些能丰富和滋养他们的性格心智，促进他们自

▲ 鲜活的生命更能唤起婴幼儿的好奇心，培养他们的观察能力，唤起他们对生命、对大自然的理解和爱。

身以及与环境之间的和谐关系。

在 PREC 理念中，除了强调"真"，我还想强调对"本"的保护。

所谓"本"，就是根本、基础和源头。创建真实的外在环境，归根结底是为了让婴幼儿通过与外界产生鲜活生动的互动，更好地倾听他们自己内心的声音，让他们做真实的自己。

莲花就是莲花，玫瑰就是玫瑰，它们都长不成娇艳的牡丹，而牡丹也永远敌不过莲花的淡雅和玫瑰的妩媚。正如台湾亲子作家张黛眉在她的著作《发现孩子天生气质》中所阐明的，每个婴儿都是带着自己天生的气质和性格来到这个世界的。通过与人和物的接触，孩子们渐渐开始了解自己——我的特点，我的喜好，我的情绪，我的忍耐力等。家长要意识到，这些气质并没有好坏优劣之分，只有保持本真的自己，才有可能帮助他们做最好的自己。而如果用培养牡丹的方式去栽培莲花，你永远也不可能看到莲花淤泥而出、傲然挺立的那一刻。

我们需要保护好婴幼儿的个体特性，在帮助他们了解自己的基础上不断提升自己，最终成为最好的自己！

1. 让孩子生活在"自己的"家里

良好的"养育"体验，不仅需要经验丰富的看护人员，还需要良好的家居环境创设，后者往往容易被我们忽视。

很多新婚夫妇在设计新房的时候，大多考虑的是两个成人的需求，并没有把婴幼儿的需求列入计划。因此，很多人家里有的地方甚至是和婴幼儿的需求背道而驰的。过于宽敞的空间会失去家的感觉，过于狭小的空间又会抑制他们的活动范围，不大不小才能找到东西的摆放位置，随时方便归放整齐，这样的空间恰到好处。

▲　家庭新成员的加入要求我们重新规划设计，创设一个属于婴幼儿自己的家。

因此，家庭新成员的加入要求我们重新规划设计，创设一个属于婴幼儿自己的家。它需要健康、安全、舒适，也需要结合婴幼儿阶段性的发展特点，满足婴幼儿的参与性，让他们感到自己也是家庭的主人。我们期待越来越多的婴幼儿，能真正地生活在"自己的"家里！

他们的家"安全"吗？

"危险"对于处于认知初步阶段、没有丰富"危险"体验的婴幼儿来说，就是一个词语、一种发音方式，不代表任何意思。很多时候，当我们提醒或警告孩子"危险"时，不仅起不到正面效果，反而激发了他们的探索欲望。这时我们能做的，就是创建一个安全健康的家居环境。

对于还不会爬行的婴幼儿，由于他们探索范围的局限性，我们通常可以给他们设置一个小小的角落。很多妈妈会选择购买一些安全栅栏，为孩子分隔空间，这是一种很智慧的处理方式。对于行动能力较强的婴幼儿，我们需要高度关注家庭的室内设计以及设施摆放的安全与否。

以下是我列出来的一些参考标准：

- 用插座保护垫密封上所有的插座口。

- 把所有的危险物品（例如各种电灯）放在孩子够不到的地方，如高架子的顶部（确保孩子抓不到灯绳）。但最好是把这些东西拿走，因为会爬的孩子几乎能拿到所有东西。

- 将重型家具贴在或附在墙上。

- 将抽屉的钥匙放在孩子够不到的地方，这样孩子就不能打开抽屉，去拿里面的东西。

- 确保窗户关闭或上锁。

- 确保所有的相框牢靠地挂在墙上；用塑料相框替换玻璃相框。

- 搬走有潜在危险的家具，例如可能会夹住或绊倒孩子的摇椅。

- 安装门锁保持装置，当孩子关门时，手指不会被夹住。

- 不要把小物件放在可能造成孩子窒息的地方。

- 确保地板或地毯干净。

- 如果不在你的可视距离内，请在房间里安装婴儿监视器。

你可能还需要添上你自己的安全防范措施，以保证孩子的安全。

他们的家"好玩"吗？

世界上再也没有比监狱"更安全"的地方了，但没有人愿意待在监狱里，因为那里"不好玩"。在保障了婴幼儿的安全后，紧接着就要考虑他们的发展需求，创造一个可以"对话"和"操作"的"参与式"家居环境让他们开心地玩。相应地，不具备互动性、参与性的家居环境应该被摈弃。

你需要按照下面的要求去创设孩子们需要的家居环境。

便捷性：孩子能看到、找到自己的游戏玩具，并能顺利归还。

舒适性：孩子经常使用的家具，包括桌椅、柜子、拉锁等，需要符合他们的身高规格和操作能力。

灵活性：家具的选择最好可以拆分拼装，方便根据婴幼儿成长需要适时更换。

空间：确保有一定的活动空间，满足孩子体能发展的需要。

可选性：提供机会给孩子挑选喜欢的事物，安排孩子自己的时间。

如下图所示，左侧的玩具收纳柜都带有圆孔，方便婴幼儿用小手抽拿。所有抽屉都可以随意调换位置，满足了收纳的便捷性、灵活性和可选性。小抽屉细分为透明和不透明两种，极大地满足了婴幼儿对美观、直观的需求和强烈的好奇心。

右侧的儿童书架，能充分地展示书的封面，而不是书脊；每层约 20 厘米的高度，适合至少 2 岁以下各个体能发展阶段的婴幼儿取放，操作极具舒适性。

▲ 方便取阅的小书架和玩具架

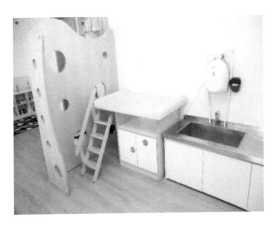

▲ 带梯子和扶手的尿布台

　　如上图所示，尿布台的平台面积能满足两个婴幼儿同时躺卧，一方面是为了舒适，一方面考虑到1岁以上相对活跃的婴幼儿喜欢在换尿片时翻滚的特点；左侧的小扶梯，是为了极大化婴幼儿的主动参与式体验准备的——孩子可以选择自行攀爬上尿布台，配合看护人更换尿片；木制屏风的设置，用来遮挡并保护婴幼儿的隐私，圆圈形状的镂空，既提升了婴幼儿抓握的可操作性，增强了安全系数，同时兼具美观和趣味性；尿布台下方的空间，可以摆放和储存婴儿用品，方便看护人随时取用，非常便捷；右方的洗手台，高度正好适合站立阶段婴幼儿的使用，尿布更换完毕后可以很方便地洗手。

2. 重要的是孩子自己喜欢玩什么

总有家长向我抱怨："我特意给孩子准备了一个玩具屋，他想要的我都买了，可玩不到 3 分钟就扔一边儿了，每天就想往厨房里钻，最喜欢锅碗瓢盆，怎么办啊？"

这个家长的问题很有代表性，下面我跟大家分享几点心得：

任何婴幼儿看到的事物都有可能成为他们的玩具，看护人要做的就是确保物体、环境的健康安全。换句话说，既然你允许孩子看到这些事物，就要允许他们去接近和探索它。

对于低龄的婴幼儿来说，没有"玩具"和"非玩具"的概念。手机、电灯开关、水龙头、扫把、锅碗瓢盆、洗衣机的按钮、晾衣架、盆栽里的泥巴等等，只要看得到摸得到，他们都觉得是可以探索的，他们的兴趣之广泛远远超乎成年人的想象。

为什么呢？因为他们从来没有见过，自然会感到无限好奇，尤其是每天都会看到其他人自由自在地摆弄着这些物件。比如，即使是再平凡不过的钥匙，都能把他们"迷倒"。这是什么？怎么一个圈圈上套了好几个硬硬的片片？能摔吗？会摔坏吗？摔了发出什么声音？它是用来做什么的？怎么抖起来还会发出清脆的声音？等等。成人看起来再平常不过、从来没想过可以用来玩耍的事物，在婴幼儿眼里都是不可多得的"宝贝"，他们都会多方位地积极探索。

下面是我们在 PREC 课堂拍摄的一段画面，故事的主角就是悬挂的蕾丝纱帘。

案例 *11* 窗帘的故事

Aileen，女宝，16个月；Lucas，男宝，17个月；窗窗，女宝，16个月

最先对窗帘产生兴趣的是 Aileen。她对纱帘的材质很有兴趣，反复地用手来回地搓着，然后轻轻地用纱帘布挡住自己的脸，玩藏猫猫。Lucas 被她吸引了过来，也觉得很好玩。于是，女生藏在纱帘后面，男生揭开面纱把女生找出来，两个人玩得不亦乐乎。接着，Lucas 似乎又被什么东西吸引了，推着座椅离开了 Aileen，结果小女生一直躲在纱帘后面，痴痴地等着 Lucas 再回来。终于，她用自己的"坚持"再次赢得了 Lucas 的关注。

扫二维码，观看视频

　　一旁的窗窗也受到了启发，跟着跑了过去，用手拽着窗帘布开始旋转，不料把自己裹在了窗帘里。徐海看到了，也乐呵呵地跑了过来。徐海一直很喜欢窗窗，于是主动拉着窗窗的手想亲近她，不料使窗窗受到了惊吓，她蹲了下去，徐海一把抓开纱帘，意外地把窗窗从包裹中解救了出来。

　　Teo 是个小甜心，他也发现了窗帘的秘密，选择藏在窗帘背后，径直向前走，纱帘拂面就像藏猫猫一样，让他格外欣喜。他不断地重复着，还时不时隔着纱帘跟妈妈互动。

　　总之，不用任何成人引导，一块简单悬挂的窗帘就变成了孩子们快乐的源泉。这就是低龄婴幼儿的世界，真的很美很有趣！

（备注：在婴幼儿独处的生活环境中，我们不建议悬挂纱帘。如果没有看护人的介入，婴幼儿很有可能会被卷进纱帘，存在一定的危险隐患。所以，除非有看护人在场，一般情况下我们尽可能将纱帘绑起来，或者系到婴幼儿触摸不到的位置，或者干脆选择其他的遮阳工具。）

如何给婴幼儿挑选玩教具

基于 PREC 的看护理念，我不主张家长给 0 到 2 岁的婴幼儿购买过于"自动化"的玩具，或者说是过于"主动"的玩具。

怎么理解这一点呢？

低龄阶段的婴幼儿，他们需要更多地参与到玩具的具体操作中，只有参与性强的玩教具，才能真正为他们的成长积累重要经验和知识。那些一按就会跳的小青蛙，一按就会跑甚至自动躲避障碍物的电动小汽车，会误导孩子对事物的了解——青蛙是用来按的，按它才会跳；汽车是可以自己跑的，而且还会自己躲避危险，你在一旁看着就是了——显然这都不是真实的状况。

"本真"的教育理念，要求我们在 0 到 2 岁这个阶段屏蔽那些过于科技化、现代化、过于省心省事的玩教具。一方面，这些玩具的科学原理远远超出了婴幼儿的理解能力，另一方面也大大弱化了婴幼儿的参与体验。家长购买玩教具，不就是为了满足孩子的探索欲望、刺激他们的综合发展吗？

按照PREC的看护理念，我们更愿意给孩子提供安全、简单的事物供他们玩耍，我们深信，"过于主动"的玩具会抑制孩子的多方位探索，而那些"相对被动"的玩教具，反而更能激发孩子们的创造力，探索的时间也会更久。比如说积木，各种形状体积的积木，它不会主动跟你说话，也不会跳舞唱歌，仅仅只是简单的木块，

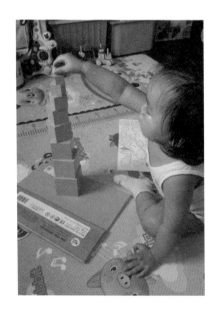

◀ 低龄阶段的婴幼儿，他们需要更多地参与到玩具的具体操作中。

却能让婴幼儿去创造出不一样的立体结构。

在搭建积木的过程中，婴幼儿的眼手协调能力、空间感、语言认知、社交互动等，都能得到充分的发展。相比程序已经设定好的电动玩具而言，物美价廉的积木也许才是婴幼儿成长的好伙伴。

当然，积木并不是唯一适合低龄婴幼儿的玩具，其实很多很好的玩具就隐藏在我们的生活中。此外我还要建议，每次给婴幼儿的玩教具不要超过三样，太多的选择只会让孩子越来越"花心"，注意力难以集中，较少的数量选择反而会成就他们的深度探索。

案例 *12* Toby 的饼干盒，可心的布娃娃

Toby，男宝，8 个月；可心，女宝，22 个月

Toby 最喜欢的玩具，是一只饼干盒的金属盒盖。他"玩"的方式也很特别，不用眼睛看也能摸到盒盖在哪儿，只用拇指和另外几个手指头对捏就能成功地拿到盒子。接下来就是各种形式的探索了：

时而将盒盖在两手间传递或在空中挥舞，直至没拿稳掉落后重新捡起来；时而把盒盖放在地面，用力和地

板摩擦，就像音乐人打碟一样；时而干脆把盒盖抛向空中，盖子落在地上的声音让他很兴奋，于是不断地重复；偶尔他也发现圆形的盒盖还能向前滚，甚至原地旋转。

总之，仅仅是一个圆形的金属盒盖，就让他玩了足足40分钟。当然，难能可贵的是看护人也没有去打扰他的探索！

可心最喜欢的玩具是布娃娃，一进房间，可心就径直朝娃娃奔去，像妈妈一样双手抱起娃娃。

不料，娃娃的帽子掉了，这下可把可心"折腾"坏了，她一次又一次地把帽子往娃娃头上套。娃娃的头是用一种很光滑的材质做的，帽子刚套上就又滑落下来。最后可心干脆放弃了，把娃娃抱在怀里摇晃着哄它睡觉，然后又把娃娃放到柔软的地垫上，轻轻地拍着她的背。还不到5秒钟，她嘴里嘟哝着"起床啦"把娃娃抱了起来，拎着它的两个胳膊牵着走路，又找到一个小勺开始假装给娃娃喂饭。

就这样，30分钟时间过去了，她不厌其烦地和娃娃玩着过家家，乐在其中。

3. 早期音乐启蒙

—— 多元音乐元素的"交响"

0 到 2 岁的婴幼儿处于感官发展的敏感期，其中非常重要的一项，就是来自声音的听觉刺激。在早期婴幼儿潜能开发中，音乐扮演着非常重要的角色。科学实践证明，音乐是婴幼儿大脑极好的精神营养品。音乐能调节大脑功能，提高宝宝们的思维能力和想象力，常听音乐除了能帮助宝宝增强记忆之外，还可陶冶心灵，培养高尚情操，给人以鼓舞和力量。

大家都有这样的切身体会，从小沐浴着音乐长大的宝宝总是笑眯眯的，社交感更好，语言的输出和表达也更出色，甚至连眼神也显得格外聪慧明亮。音乐开发能刺激婴幼儿左右脑的综合发展，大大有助于婴幼儿创造力、社交、情商的发展。有研究表明，从婴儿起开始接受并喜欢音乐的宝宝，长大后在品行上很少有劣迹，他们会更善良正直。因此，用心的看护人会把音乐教育融入婴幼儿的生活。

那么该如何融入呢？孩子应该听哪种类型的音乐？什么时候放音乐，放多长时间？成人要不要参与其中？

下面我们来分享一些可以具体操作的细节。

婴幼儿需要聆听多元素、不同风格的音乐。

大家都知道，音乐是文化的精髓，不同的音乐类型、节拍、节奏、乐器、演唱演奏方式都有着巨大的差别。空灵的凯尔特音乐，即兴的爵士乐，热情的拉丁音乐，原生态的非洲音乐，起伏跌宕的交响乐等等，都会带给婴幼儿充足的听觉体验和想象空间。

不能全天候无休止地播放音乐。

耳朵也需要享受宁静，就像我们都喜欢鲜艳的颜色，却很少有人把家居环境布置得鲜艳夺目一样，我们的感官需要相对的"干净"。因此，每天音乐播放的时间不要超过 4 次，每次持续时间 10 到 15 分钟为宜。

音乐播放的音量大小必须合适，否则会导致婴幼儿神经系统的不和谐，通常音量应该控制在 40 到 60 分贝之间。

播放舒缓的摇篮曲是帮助婴幼儿入睡的好办法，但一旦他们进入梦乡，就要立刻停止播放。

现场的音乐演唱和演奏永远是最棒的。相对 CD 和音响，现场的人声演唱要胜出很多。现场演绎给婴幼儿带来的是丰富的听觉、视觉盛宴，孩子不仅能清晰地听到真实的演唱、演奏，还能观察演唱者的发声和演奏方式、面部表情等，更细腻地理解音乐内在的情感表达，大大激发他们模仿、参与的积极性。

可以挑选一些安全的打击乐器，供婴幼儿在欣赏音乐时进行探索。经常有热情的家长告诉我："我的孩子可喜欢听音乐了，一听到音乐就开始手舞足蹈。"伴随着音乐的播放，婴幼儿经常自发地开始身体的律动，他们天生就是舞蹈家，用自己身体的活动来"回应"音乐。

看护人要切记的是，不要过多强制性地指导他们，

◀ 在早期婴幼儿潜能开发中，
音乐扮演着非常重要的角色。

或者刻意让他们去模仿，更不能站在成人的角度去评判好与坏、像与不像。这个阶段，点燃孩子对音乐的热情，才是至关重要的。此外，我们也要为他们提供相对安全的打击乐器，供他们演奏表达。

4. 多子女家庭
——难得的本真成长环境

随着国内二胎生育政策的放开，越来越多的家庭迎来了他们的第二个孩子。欢喜之余，也给看护人尤其是年轻的父母带来了新的挑战。兄弟姊妹之间产生分歧是再正常不过的事，老大失去了曾经的"王者"地位，而老二一出生就注定要与兄弟姊妹分享父母的爱。他们比"独生"子女更早地在心理上体验了"我"并非"唯一"的事实，争抢成了两个孩子成长中必经的一个阶段。

我的建议是，成人应尽可能少地参与孩子之间的纷争。因为不管你怎么努力做到公平，至少会有一个孩子对你有意见（谁希望自己的妈妈向着"别人"呢）。大人首先要做好心理准备，视孩子们之间的争执为一种"常态"，不要一出现状况就急于去解决问题。有时候，睁一只眼闭一只眼，"难得糊涂"也很重要。自然，我们也不能放任他们伤害彼此，应该尝试引导孩子们去达到"双赢"。

对此有意识的家庭，会在老二出生前跟老大积极、正向地解析未来生活的变化，告诉孩子他（她）将多一个玩伴，多一个"盟友"。

另外，一些聪明的父母还会让老大适度地参与老二出生后的养育环节。不是妈妈一直在忙着给弟弟冲奶粉，哥哥也可以帮着一起做；不是妈妈一直抱着妹妹，还可以把妹妹放下来，哥哥与妹妹一起互动玩耍。让小的孩子感受到大孩子的爱，让大孩子借此机会发展他们的"领导力"，充分地参与进来。

总之，父母亲完全被另一方占据，自己却不能参与到他们中间，对孩子来说是一种非常糟糕的体验！

其实，多子女家庭的"良性竞争"环境，反而有益于提升婴幼儿未来融入社会生活的能力。他们彼此照顾、善于分享的习性，会使他们更具有亲和力，更懂得换位思考、合作共赢。

5.从"手"传递出来的情感关系

婴幼儿对于情感关系的理解和形成，来源于他们与看护人之间持续的互动过程。这个看护过程，能帮助他们形成各自的性格特征，构建起他们的兴趣爱好、自我认知，也大大影响着他们好奇心的建立和探索能力的强弱。

婴幼儿的看护体验存在着"个体化"的特点，看护人的看护品质直接影响着婴幼儿对他人、对社会、对世界的认知。尊重和参与式的看护体验，培养出来的是积极独立的婴幼儿，反之则是消极依赖性强的婴幼儿。所以，有品质的、稳定的、安全的情感依恋关系的建立，将为婴幼儿成为快乐自信、自强自尊的孩子奠定坚实的基础。

依恋（attachment）是孩子与特定个体之间（最稳定的抚养人，一般指父母）形成的正性情绪联结。法国心理学家瓦隆（1879—1962）指出，孩子对大人的依恋对于他们自身的心理发展是必需的。孩子的社会化发展最重要的一个方面就是依恋的形成。

如果没有这种依恋心，宝宝就会感到惊慌和恐惧，甚至精神萎缩。这种影响会阻碍宝宝未来的爱好、志向、人格等的建立。因此，孩子在 2 岁之前的婴幼儿期与父母建立良好依恋关系非常重要。

根据宝宝在陌生情境中的不同反应，美国心理学家玛丽·安斯沃斯将宝宝的依恋分为安全型、回避型、反抗型和混乱型四种依恋类型。

下面我列出了四种具体的亲子依恋表现，我们能够很清楚地看到，四种不同的亲子依恋关系，滋养出了四种不同的孩子。父母们在读完下面的文字后，也可以在周末做个实验：一边让宝宝做游戏，一边让妈妈离开，此时，不同依恋类型的宝宝会作出不同的反应，而这通常与父母的教养方式紧密相关。

安全型依恋

宝宝表现：妈妈在场时，能自如安静地操作玩具，并不总是依靠妈妈，更多的是用眼睛看妈妈、对妈妈微笑或说些什么；对陌生环境积极地探索和操作，对陌生人的反应也比较积极。

妈妈离开时，宝宝的操作、探索行为会受到一定影响，明显表现出苦恼、不安，想把妈妈寻回来。妈妈回来时，宝宝会立即寻找与妈妈的接触，并且很容易经抚慰而平静下来，继续去做游戏。

教养特征：父母对宝宝的需要敏感，态度积极；与宝宝经常有互动，与宝宝一起做相同的事，一起笑、一起做动作，为宝宝的活动提供情绪支持，并经常激励宝宝。

回避型依恋

宝宝表现：对妈妈在不在场都无所谓。妈妈离开时，他们并不表示反抗，而是直接忽略，不予理会，自己玩自己的，很少有紧张、不安的表现。有时也会欢迎妈妈的回来，但时间非常短暂。实际上，这类宝宝并未与妈妈形成特别密切的亲子关系。所以，有人也把这类婴儿称作无依恋婴儿。

教养特征：父母对宝宝不敏感，表现消极，很少满足宝宝的需求；很少从与孩子的亲密接触中获得乐趣。或者，对待宝宝过分热情，刺激过度，经常对宝宝喋喋不休，强行给宝宝制造某些需要，让宝宝不堪其扰。

矛盾型依恋

宝宝表现：这类宝宝在妈妈要离开前就显得很警惕。妈妈离开时会表现得非常苦恼、极度反抗，任何一次短暂的分离都会引起大喊大叫。妈妈回来时，对妈妈的态度又很矛盾，心里既想与妈妈接触，又有些反抗。如果妈妈想抱他，他会生气地拒绝、推开。这时他已不能再重新回到游戏，而是不时地朝妈妈这里看。

教养特征：矛盾性依恋宝宝的父母教养方式通常不一致，他们对宝宝时而热情时而冷淡。宝宝对父母这样的态度和方式会感到绝望，为了获得关注，他们要么黏住父母，要么哭闹，如果一切努力都无效的话，他们就会变得愤怒、怨恨。

混乱型依恋

宝宝表现：这种类型的依恋最不安全，宝宝最没有安全感。妈妈回来时，宝宝的表现比较无所适从。妈妈拥抱他们，他们的表情会比较茫然，情绪会稍显忧伤，会躲开妈妈的目光。一些宝宝在得到妈妈的安抚后会大哭，或者表现出一些奇怪的、冷漠的姿势。

教养特征：混乱型依恋的宝宝通常受到父母的忽视，或者受到过父母对其身体上的虐待。这些宝宝的妈妈通常都患有严重的抑郁症，这些妈妈自己也会经常出现恐惧的、矛盾的、令人不愉快的情绪。

我想说的是，无论上述哪种情感关系，都是通过看护人与婴幼儿的相处过程产生的。

在这个过程中，看护人的"手"扮演着至关重要的角色。手是我们看护婴幼儿并传递爱的讯息的重要"工具"。我们用手给孩子换尿片、洗澡、做抚触、按摩、拥抱，等等，即使他们睡着了，也不妨碍我们通过手去传递情感。我们的手的温度、力度、轻重缓急，每一个动作都是在给婴幼儿搭建他们了解外界的渠道：快乐的，温柔的，焦躁的，急切的……

特别是刚出生的婴幼儿，他们的生活体验处在"被动"级别最高端，他们不能理解你的语言内容，但却能通过手的肌肤传递去鲜活地感受外界，感受情感关系。就像美妈们享受美容SPA的体验一样，影响整个体验的首要因素就是服务人员的双手，他们手法的准确度、力度，每一个细节都能让你有充分的理由去判断其专业程度。

所以，要建立与婴幼儿安全健康的情感关系，就从你温柔的双手开始行动吧！

第四章 PREC 看护理念的具体方法和技巧

蒙台梭利教育经典，
每位父母都应该知道的《童年的秘密》！

扫码免费听，20 分钟获得该书精华内容

每个孩子都是独特的、唯一的、不可复制的。好的教育一定要因材施教，更要讲究一定的方法和技巧。

1. 用跳"慢三"的状态，协助婴幼儿养成规律生活

婴幼儿规律生活的养成，一定是围绕婴幼儿本人展开的。饿了，渴了，拉了，困了，他们都会通过自己的方式引起看护人的关注，这时看护人要做的就是给予即时的反馈。

"可儿，我看到你在咬手指，你是饿了吗？需要我给你冲奶吗？"

"欢欢，你不停地在踢腿，是不是觉得尿片该换了，我帮你检查一下……你不舒服对吗？"

"点点，我听到你在哭，请等一下，我马上过来！"

在看护过程中，看护人和宝宝之间的眼神交流、身体接触、语言对话等，都在帮助彼此建立亲密的依恋关系。这种依恋关系，让你们能够彼此信任，特别是让宝宝获得安全感。在我看来，看护人跟婴幼儿之间的关系，就像是一起跳"慢三"的两个舞伴，缓慢而专注地，一来一往地，进三步，退三步，你进我退，我进你退，渐渐形成足够的默契，共同编织出和谐优雅的舞蹈。

在日常看护中，我们经常容易扮演"导演""编剧"的角色，错误地把婴幼儿当成纯粹没有想法、没有思考力的"演员"，直接去指挥对方做什么、怎么做，说什么、怎么说；或者是对婴幼儿的行为和反应品头论足。这对婴幼儿来说，不仅很难感受到尊重，他们积极的参与欲望也会被残忍地打压。我们应该以跳"慢三"的节奏，和婴幼儿一起演绎他们的美好生活。

建立规则，让婴幼儿更有安全感

在本书的第一章，关于"尊重"的话题我谈了很多。我们尊重孩子的自由发展，千万不要忽略了赢得尊重要以尊重他人利益和需求为前提。

在婴幼儿阶段，如何在安全的前提下，充分发挥孩子的参与积极性，培养他们内在的秩序感、同理心和尊重意识，一直都是父母们必须面对的重要课题。这些将为他们未来更好地融入社会生活打下基础。通常认为，规则带有一定的强制性，对婴幼儿的行为会构成束缚，对他们的自由发展是不利的。然而，事实却并非如此。

通过清晰地制定规则，果断地贯彻实施规则，更能培养婴幼儿的安全感和对他人的信任。他们因此知道，通过"哭泣"发出的信号，他们可以成功地告知看护人该换尿片了；他们知道玩具藏在哪个储物盒里，只要爬过去就能找到自己要的东西；他们知道带上围嘴、洗完手，美味的饭菜就会被看护人端到面前。与其说是建立规则，不如说是帮助婴幼儿了解社会生活和与他人相处的规律，掌握如何让自己快乐也让对方快乐的方法。

下面是我想跟大家分享的一些心得：

自我规则的建立，从婴儿刚出生就开始了。饿了就吃，困了就睡，根据婴幼儿自身气质类型和生活周期，有规律地安排活动，调整节奏的快慢。这也为接下来婴幼儿内在自我规律的建立打下了基础。

制定规则，看护人自己首先要成为规则的遵守者，不要做规则的"掘墓人"。如果你自己都做不到，就很难要求对方也做到。

有家长问我，我的孩子吃饭的时候老是要求喝可乐，不喝可乐就不吃饭，我问她："您喝可乐吗？"她回答："她爸就好这一口。"答案不言自明——公平！所以根源还在于看护人必须身体力行，树立榜样。

印度曾经有一位苦恼的母亲带着儿子千里迢迢去拜见圣雄甘地，因为男孩喜欢吃很多的糖，母亲希望甘地能够帮助他戒掉糖果。甘地对母子二人说：请你们一个月后再来。一个月后，母子二人又来了，甘地对男孩说：孩子，不要吃太多的糖。临走的时候，疑惑的母亲问甘地：为什么你一个月前不对我的儿子这样说呢？甘地说：因为上个月我也在吃糖。原来，就在这一个月的时间里，圣雄甘地先改掉了自己爱吃糖的习惯。

所以，我们要改变孩子，首先要从自己做起。

婴幼儿需要在"安全"的环境下生活和学习。如果他们生活在一个"不安全"的环境里，那执行"规则"和实施奖惩都会变成难题，因为任何探索都可能导致危险的发生。

"这个不能碰。"

"你不能进这个房间。"

"你要再到处乱扔我就你打屁屁啦。"

最终,看护人与被看护人就会形成警察与小偷的对立关系。婴儿面对看护人又爱又怕,看护人虽然照顾孩子的衣食寝居,但剥夺了他们自由探索的机会。这会造成婴幼儿安全感的重大缺失。

如何通过制定规则来帮助婴幼儿建立安全感呢?

看护人需要以下四种品质的支撑:温柔、坚定、淡定、耐心。这四个因素都很重要,互相作用,缺一不可。

下面我通过案例来跟大家分享如何做到这四点。

假设 19 个月大的男孩丁丁,在看护人洗碗的时候爬到了餐桌上面,怎么办? ——你需要制定规则。

	处理方法	导致的后果
看护人一	告知丁丁:"丁丁,我需要你下来,桌子不是用来爬的。"然后是等待和观望。	丁丁会认为看护人并不是真的很在意此事,自己可以大胆地继续玩。
看护人二	告知丁丁:"丁丁,我需要你下来,桌子不是用来爬的。"然后看护人还在忙着一边刷碗,并时不时地重复:"丁丁,快下来!"一直重复到第六次,才赶过来进行红色干预。	丁丁会习惯这种与看护者的博弈方法——我可以适当地拖延时间,直到她说到第六次。
看护人三	生气地批评丁丁:"丁丁,你怎么爬桌子上去了,下来!"然后直接强行把丁丁抱下来。	丁丁可能会认为"武力"和"强权"代表一切,自我约束会离他越来越远。

正确的制定规则的方法，需要看护人用"温柔"的语气告诉他："丁丁，我需要你下来"，并第一时间赶过去。你的出现会让他感觉到你态度"坚定"不可妥协。

很有可能，你的出现就足以促使他服从你的意愿。如果这个时候丁丁还继续挑战你的底线，就可以"耐心"地再给他一次机会，采取黄色干预："你是选择自己下来，还是我抱你下来。"选择性的建议通常容易被婴幼儿采纳，让他们感觉并不是你在制定规则而是他们也有主动权。

当然，也许丁丁就是一个例外，他还是拒绝下来，这就需要我们保持"淡定"，实施红色干预了。切忌因为前两次的博弈，影响到你现在的情绪状态，还是要"温柔"地告知"看来你是不愿意自己下来，我只能抱你下来了"，并采取行动，保持动作轻柔。

总之，整个制定和执行规则的过程，我们都需要坚持"慢下来"的原则，以"温柔""坚定""耐心""淡定"的态度，尽可能让婴幼儿主动遵守规则。

案例 **13** 遵守加餐规则的徐海

徐海，男宝，19个月

　　加餐时间到了，PREC 课堂的规则是每个用餐的小朋友都坐在自己的小板凳上，吃完后再离开，但是徐海又想吃饼干又想去其他地方玩。

　　"徐海，你想吃饼干吗，想的话我需要你坐在板凳上吃。"我对徐海说。他看了看我，选择坐在了板凳上。

　　我站在离徐海一米远的地方观察他。不一会儿，看到其他小朋友结束用餐正在玩耍，他又动了心，站起来准备离开座位。

　　"徐海，我知道你想过去玩，但如果你想吃饼干的

扫二维码，观看视频

话，我需要你坐在这里吃完了再去，好吗？"徐海点点头，又坐了下来。

接下来的时间里，徐海一边嘴里嚼着饼干，一边扭头看着不远处玩耍的小伙伴们，但始终没有离开座位，直至完成加餐。

遵守规则，他，做到了！

学会放松，从婴儿期的睡眠开始

不会休息，就不会工作，我们要学会平衡自己的状态，才能更好地迎接每一天接踵而来的难题、享受每一天的美好时刻。对于竞争压力越来越大的现代人来说，学会放松显得尤其重要，差不多已经成为一项基本的生存技能。许多人的生活都深受睡眠质量的干扰，一些精神疾病的诱发也多与睡眠质量不高有关。

为什么学会放松要从婴儿期的睡眠开始呢？因为对于一个人来说，睡眠习性在婴幼儿期就开始形成了，可谓影响深远。

睡眠是看护人最关心的话题之一，一百个孩子几乎就有一百种入睡方式。但我的总体感受却是，在睡眠这件事上，看护人多数都很焦虑。

很多人还在用传统的方法，抱着孩子摇晃或轻拍他们的身体，帮助他们入睡。有一个外婆来我们的幼儿园咨询，她忧心忡忡地问我："你们怎么能让我的外孙好好睡午觉？"原来她为了哄孩子午睡，经常带他坐双层观光巴士，吹着空调，欣赏着沿途美景，摇晃入睡。

我想说的是，请看护人尽快停下这样的行为。我们需要尊重并相信孩子有自我舒缓、独立进入梦乡的能力。

奥地利著名的社会哲学家鲁道夫·斯坦纳（1861—1925）的教育理论在欧洲受到广泛的关注，他认为孩子出生之后，首先应该教给他们的就是"正确的呼吸节奏"和"睡眠与清醒的交互转移"。

所以，作为看护人，我们要给婴幼儿充分的机会和时间去学习放松，感受自己的呼吸；掌握婴幼儿的基本生活规律，观察他们的"睡眠"信号。如果孩子出现如揉眼睛、打哈欠、摸耳朵等动作，及时予以提醒："我想你需要睡觉了。"然后安静地带他到卧室，准备睡觉。睡觉前可以选择播放一些轻音乐，或者读一些简单的睡前绘本，帮助孩子放松。

有些看护人听了我的建议，都表示不太能接受："我们家孩子肯定做不到自己睡着，不仅做不到，而且睡着了还要再醒好些次。"

如果你正为孩子睡眠焦虑，下面的一些注意事项，可能会有所帮助。

有规律的日间活动安排，帮助婴幼儿更好地在夜间休息

白天的活动过于兴奋，会让婴幼儿很难平静，不仅影响入睡还很容易做噩梦。适当的亲子活动是必要的，婴幼儿需要大量的体能互动来帮助他们平衡发展，应该保证每天都有一定的户外活动时间。

目前国内的整体生态环境，对婴幼儿的外出十分不利。大量的雾霾天气导致孩子只能被"锁"在室内，这对我们家居空间的大小也提出了挑战。对于多数家庭来说，要在短时间内改变这一点其实是有难度的。因此很多家庭选择去亲子中心，就是为了满足婴幼儿日间活动的需要。

对于一个处在爬行或行走敏感期的儿童，如果不能给他们提供足够安全的活动空间，一方面不利于他们的体能发展，另一方面没有能量的释放，也很难期待他们有睡眠的渴望。很多家长靠拉长孩子的清醒时间来帮助他们释放能量，眼睛熬得红红的、哈欠不断也要硬扛着。

宝宝睡觉，全家一起睡觉

现在很多家庭都是三代甚至四代同堂，感官灵敏、好奇心强的婴幼儿（尤其是行动能力强的婴幼儿），如果你要求他们睡觉而你自己却在忙其他的事情，这个觉他（她）很难睡得安稳——孩子会觉得这不够"公平"。

经常有这样的情形，妈妈在哄孩子睡觉，外婆在大厅拖地，先生在玩电脑，外公在看电视，换做你是孩子，相信你也很难想睡觉，毕竟醒着更有趣！所以如果孩子要睡觉，那就全家一起睡吧！

当然，我这里说的"一起睡觉"，主要指的是营造一个有利于睡眠的家庭氛围，而不是家人都必须跟婴幼儿的作息时间一致。

我家的情况是这样的，我和先生每天都会假装睡觉一次，来营造睡眠气氛。通常是在晚上 8 点，我会邀请孩子上床讲故事唱摇篮曲，15 到 30 分钟内等他进入梦乡后，我们再起床忙各自的事，看看书，看看电影，做做家务。偶尔外公外婆来探望，在家里短住一段时间，我们也这样要求他们，全家人准时关灯"睡觉"。

其实，我们在幼儿园也是这样来组织婴幼儿午睡的。幼儿园规律的日间生活安排再加上午休时间教室里包括老师在内的所有人都"慢下来""静下来"，营造了一个 slow 的氛围，孩子们很快就纷纷入睡了。即便有个别很难入睡的孩子，也会选择躺卧下来安静地休息并慢慢进入梦乡。

不要在床上摆放玩具

出于商业目的，现在很多玩具厂商都会生产婴儿床上玩具，摇铃、旋转球等，其实这些玩具只会让婴儿的神经更加兴奋。就像成人很少会在自己的卧室贴上鲜艳的墙纸一样，我们也应该尽量减少婴幼儿床上的玩具数量。

兴奋的"夜生活"需要"慢下来""静下来"

现代人的生活节奏很快，城市生活的压力也与日俱增。因为工作原因，很多父母白天不能陪伴孩子，就希望晚上下班回家后能好好弥补，所以很多婴幼儿一天的兴奋时刻是在傍晚甚至更晚的时间，在客厅里打闹追逐，玩捉迷藏，在床上举高高、翻跟头，大人和孩子都玩得十分兴奋。其实，这非常不利于婴幼儿养成良好的睡眠习惯。

有时候，我们年轻的父母也需要夜生活，会带着孩子出去参加派对、会见朋友等。一方面，不排除这有利于孩子的社交认知发展，但另一方面如果次数太频繁而且时间太长，则很容易影响婴幼儿规律的生活。久而久之，孩子也会变成一到晚上就精神百倍的"夜猫子"，与大自然的生命规律背道而驰。

上床睡觉前，亲子共读是最好的亲子活动之一

亲子共读既可以增进亲子之间的感情，也可以达到让孩子早早睡觉的目的。睡前绘本可以很好地协助孩子安静下来，进入睡觉的氛围。

日本著名的绘本之父松居直在他的著作《幸福的种子》中，特别给"两岁孩子该读的图画书"中列出了睡前故事一节。他对玛格丽特·怀斯·布朗的《晚安，月亮》推崇备至，认为它"反复运用有节奏感，而且宁静安详的文字，引导孩子进入梦乡"。

现在的童书市场上，晚安故事已经成为儿童绘本中非常重要的一个类别，家长可以挑选一些经典的睡前绘本和孩子共读，在亲密依恋的亲子氛围中，让孩子慢慢放松下来，进入美梦。

分房、分床睡好，还是一起睡好？

世界上不同的国家有着不同的传统和文化，同样，每个家庭也有自己特殊的状况。西方国家强调婴儿从小独立性的培养以及对夫妻关系的尊重，很多家庭在婴儿阶段就开始分房、分床睡觉。中国文化更强调亲子之间的亲密关系，很多家庭都是孩子第一、夫妻关系第二。

可以说，这两种做法都有自己的诉求和道理。我的看法是不一定分房睡，但应该让孩子独自睡婴儿床。因为孩子迟早要学会独立睡眠，何必绕道而行呢？亲子之间身体肌肤的亲近接触，的确能增强彼此之间的亲密关系，但是清醒状态下，同样可以有很多类似的互动体验来实现这一点。例如，一起读故事书，跟孩子一起洗澡，帮助孩子换尿片等，我们都能跟孩子有非常亲密的接触。

另外，分床睡并不是抛弃孩子，你同样会在他（她）有需求时出现。我们在考虑孩子、照顾孩子的同时，也要学会尊重自己，夫妻也需要独处的时间。从另一个角度来说，和谐的家庭婚姻关系也是儿童心理健康发展的有力保障。

有人问，如果孩子独自睡觉，半夜踢被子怎么办？我想说"睡袋"是个伟大的发明。

当然，孩子到底该如何睡觉，带着强烈的个人隐私色彩，如果有父母坚持认为自己必须和孩子一起睡，相信别人也不会有太多的反对意见。至于是否分床，更取决于家庭空间的大小。

宝宝反复起夜怎么办？

婴幼儿半夜醒来，可能有很多种原因。饿了，需要安抚，太热，甚至长牙了等，都有可能是夜里哭闹、不好好睡觉的原因。不论出现什么情况，看护人都要秉承"慢下来"的原则，说话声音尽量减小，动作尽量轻柔，灯光尽量不刺眼。没必要婴儿一哭，全家总动员都赶过来帮忙。应该坚持营造夜深人静的睡眠气氛，切忌大家乱哄哄一团，不仅不能重新将孩子哄睡，还有可能让孩子更兴奋。

"多一事不如少一事"，有选择地干预

虽然我们主张尊重婴幼儿参与社会生活的权利，但适当的行为干预还是必要的。所谓适当的行为干预，指的是看护人的干预应该有选择性。

如何做到这一点呢？这需要多一些有品质的看护时

间，认真观察加上理性判断，就能慢慢学会选择恰当的时机。

多数看护人往往会陷入过多干预的"误区"，他们无法耐心地等待和观察孩子的反应，进而也就无法客观地判断孩子是否能独立解决问题。这导致了他们贸然行动、全面干预的行为。

其实作为看护人，你对自己的孩子是否有信心，会极大地影响你对孩子行为的处理方式。如果你相信孩子能做到，选择不干预，那么孩子至少有努力的过程和成功的可能；如果你总是不假思索地"空降"，不仅孩子会很不爽，你也会越来越累。

通常，看护人一遇到婴幼儿强烈的情绪反应，就很容易过多干预。一方面看护人会认为，孩子哭了一定是心里很难受，于是就直接跳出来解决问题，以达到安抚的目的。孩子的哭闹也会使看护人焦躁不安，很大程度上影响其冷静理性的判断。另一方面，孩子的哭闹也会使看护人不胜其烦，为了尽快息事宁人，干脆选择自己直接解决问题。此外，看护人也会担心如果没有及时干预，会被其他看护人指责为失职。

当然，虽然很少见，但还是有这样的情况：看护人要求婴幼儿做一些超出他们能力范围的事，却拒绝进行任何援助（行为干预）。这种与过分干预恰好相反的状况，也应该引起看护人的重视，因为这种做法很容易挫败孩子的自信心。

一次，在婴幼儿亲子中心，我看到一位父亲要求自己刚满两岁的儿子独自从 40 厘米高的木盒子上跳到铺有软垫的地上。这个动作对两岁的孩子来说，是一个非常大的挑战，但父亲坚持儿子这样做，理由是他是个"男子汉"。男孩不敢，做父亲的也拒绝给予帮助，这时母亲要过去帮忙，父亲呵斥母亲："你别管，让他自己跳。"

我走了过去，建议这位父亲可以给予一点适当的干预，例如给孩子两个手指，让他牵着爸爸的手指跳下来，先让他体验跳跃的感受，再多重复几次同样的动作，慢慢地他就会变得更加自信，敢于做更大的挑战。

父亲照做了，果不其然，在有安全保障的前提下，孩子享受到了挑战跳高的兴奋刺激，快乐地要求再来一次。

总而言之，我们要在观察孩子的行为之后，再进行选择性的行为干预。根据你具体观察了解到的情况和从前积累的经验，来客观冷静地判断是否要干预，以及干预到何种程度。

红灯、黄灯、绿灯，行为干预的分级

匈牙利伟大的教育学家玛格达·格柏用"红灯""黄灯""绿灯"来描述对婴幼儿"选择性"行为干预的不同级别。

绿灯：如果是婴儿自己可以处理好的事情，就不需要我们干预，大人只需静静观察，高高地亮起绿灯，让孩子去自由地发挥他们的主观能动性。

红灯：如果是婴儿不可能处理好的事情，而且发生危险的可能性很大，大人就必须强行干预，亮起警示的红灯。但是整个干预过程，也要对孩子有尊重和理解；如果不得不触碰孩子以避免危险时，动作要迅速而轻柔，同时用语言去解释为什么你要进行这样的干预。

黄灯：如果是不确定婴儿能否独自处理好的情况，就需要大人的密切关注，轻轻地走近孩子，随时准备温柔地介入。多数状况大人都可以先用语言来干预，像耐心的解说员一样，告知孩子发生了什么以及可能发生什么，例如："青青，那瓶子里是热水，很烫！""果果，你再往前走可就要踩空了哦，你需要更加注意！"通过这样的语言提醒或者警示，来帮助孩子更好地了解潜在的危险。

黄色干预还特别适用于婴儿间的纷争，在没有危险因素的前提下，大人应尽量尝试给双方解释沟通，帮助他们了解彼此的想法。这种情况下，温和的黄灯往往比红灯更有意义。

总之，无论哪种干预模式，都是我们对婴幼儿发展特点充分了解、认真观察、理性分析后的结果。因此，由于跟婴幼儿亲密程度的差异、共同生活经验的差异等因素，不同的看护人会有可能做出不一样的干预行为。

下面的 5 个案例，会让大家对选择性干预有一个更直观的了解。

案例 *14*　要上桥的 Aileen 和要下桥的芃芃

Aileen，女宝，16 个月；芃芃，女宝，16 个月半

芃芃正从桥的一端准备努力爬上去，站在桥上的 Aileen 看到了，好像有点不情愿跟对方分享这座小木桥，于是立刻走向芃芃，"啊啊啊"地大叫起来，并把双手高举到空中以示抗议；芃芃也不示弱，双手轻推 Aileen 的胸膛，意思是"你不要挡着我"。两个小姑娘年龄相仿能力相当，以往很少有类似的"暴力"行为，所

扫二维码，观看视频

以看护人员选择了继续耐心地观察和等待。

最终 Aileen 选择了退让，芃芃顺利地走下了木桥，两个人和平地解决了问题。

这是一则"绿色干预"的典型案例。

我们成人往往会想当然地低估婴幼儿解决问题的能力，但事实证明，他们是可以做到的。特别是 18 个月龄左右的孩子，他们开始关注周围的人，并能在一定程度上正确揣摩他人的意图。Aileen 成功地了解到芃芃想下桥的强烈意图，最后选择了"退让"，这是她自己解决问题的办法。她的"退让"最后也成全了她，她可以在芃芃下桥后自己再上桥，无非是一个己先人后的问题，跟

"和平"相处相比就没那么重要了。经过这次的"冲突"，Aileen 也跟芃芃成了更加亲密的伙伴。

案例 *15* 和徐海抢脸盆的 Lucas

Lucas，男宝，17 个月；徐海，男宝，19 个月

Lucas 安静地在脸盆里坐了一会儿，起身准备站起来，手掌接触地面扶站的瞬间，他发现地上有个小碎末，不加思索地捡起来放到了嘴里。转眼功夫，另一个小朋友徐海趁机捡走了"向往已久"的脸盆，表情十分欣喜。

扫二维码，观看视频

Lucas 沉浸在"小碎末"的幸福中，意识到脸盆"失守"后，马上开始了夺盆"征程"。徐海聪明地躲到了父亲身边，希望父亲能帮助自己。但徐海的父亲却并没有任何干预行为，而是静静地观察着儿子的举动。Lucas和徐海开始了一场力量之争。

趁徐海向父亲求助时的"不专注"，Lucas又夺回了脸盆，拿着盆径直"潜逃"。徐海不甘示弱，随手在地上捡起一个接球器，高高举起紧跟其后，现场气氛十分"紧张"。

看护老师非常了解这两个孩子的习性（"争夺"少不了，但语言沟通对他们的行为约束也会奏效，因为看护人曾经非常频繁地跟他们进行语言的平等沟通），所以她先尝试用黄色的"语言警告"去解决问题，一句伴随着手势的"轻轻的"，轻松地化解了两人的矛盾。Lucas最终坚持夺回了自己的脸盆，徐海则选择了释然。

这是一个典型的"黄色干预"的案例。

案例中的情形大家都不陌生，面对类似的情况，很多人其实都采取的是红色干预的措施。理由是，两个小男生你争我夺，手上还有可能变身为"隐形武器"的玩具，实在有一点儿危险。而我想说的是，在对他们缺乏充分了解的情况下，红色干预可能是最保险的。但正由于我们是当事人，非常了解两个孩子的性格特点，知道双方父母或看护人平日都讲究与孩子的语言沟通，所以才尝试仅仅用"黄色"语言警示来解决问题。最后，两个孩子并没有发生大的冲突，也和大家的判断是一致的。

由此我们可以看到，日常有效的双向语言沟通，对于成功地执行"黄色干预"至关重要。如果看护人平日很少跟婴幼儿交流，他们没有聆听过相应的词汇，例如"轻轻的""慢慢来""小心点，看脚下"，怎么能奢望他们理解并及时执行相应的建议呢？所以，很多情境下究竟是该选择黄色还是红色干预，很大程度上取决于看护人与婴幼儿长期的相处经验。

案例 *16* 开柜子的 Aileen 和 Lucas

Aileen，女宝，16 个月；Lucas，男宝，17 个月

Aileen 最近对开关柜门兴趣浓厚，今天她依旧站在一个对开的柜门前，反复地关了开、开了关。Lucas 被柜门开关的声音吸引过来，也想加入 Aileen 的游戏。就

扫二维码, 观看视频

这样, 一个人要开门, 一个人要关门, 两个人忙得不亦乐乎。

　　作为看护人, 我很担心反复开关的柜门会撞到他们的头, 或者关柜门时他们的小手被门缝夹住, 所以就一直静静地坐在两个孩子的附近, 细心地观察着, 随时准备介入。碰巧, 房间里传来了父母们学唱儿歌的声音, 突然而来的集体演唱转移了他们的注意力, 形成了"无形"的黄色干预, 两个小朋友先后转身, 快乐地打起节拍, 唱了起来。

　　开关柜门, 特别是两个孩子争抢开关柜门, 存在一定的安全隐患，这也是为什么我身在一旁，却注意力高度集中、时刻准备"黄色"或"红色"介入的原因。出人意料，一段集体的歌曲演唱成了事态发展的巧妙终结者。虽然不是刻意用歌曲去转移两个孩子的注意力，但是正是看护者秉持了"慢下来"的原则，才有了最后"无为而治"的一幕。

案例 *17*　玩弄剪刀的 Steven

Steven，男宝，26 个月

　　在修剪家里的绿植时，妈妈不小心把锋利的剪刀落在了地上。Steven 看到了，十分好奇地捡了起来。他很开心能够模仿妈妈干活，一手拉开一个剪刀把，准备修剪树叶。爸爸看到 Steven 拿着剪刀，先是吓了一跳，接着冷静下来，走过去问道："你知道剪刀应该怎么用才安全吗？"Steven 用询问的目光好奇地看着爸爸，爸爸顺势把剪刀"抢"了过来，双手盖住剪刀的锋利处，做出安全的拿握示范："Steven，剪刀这样用才更安全，既不会伤害自己，也不会伤害别人。看，爸爸就是这样拿着走的，121，121，121，121……"就这样，Steven 小心翼翼地模仿着爸爸，学会了正确拿放剪刀的方式。

这是一则非常漂亮的红色干预。不得不佩服 Steven 爸爸的沉着和智慧！很难想象，如果看护人用激烈的方式去处理这个情景会发生什么。"宝宝，快把剪刀给我，太危险！快给我！"这样"激动""粗暴""惊慌"的红色干预，很有可能让孩子产生敌对情绪，进而引发不必要的"红色"结果。看护人遇到类似情景，一定要控制好自己的情绪，用温柔智慧的方式介入，切记莽撞行事。

案例 *18* "半路杀出"的 Lucas

徐海，男宝，19个月；Lucas，男宝，17个月

扫二维码，观看视频

Teo 和徐海因为一个红色的抓球器争抢起来，Lucas在旁边目睹了两人的争夺，好像突然想到了什么办法。他拿起一个黑色的铲子递给徐海，徐海真的被吸引了，非常满足地接过铲子，结束了和 Teo 的争抢。

孩子之间的故事就是这样富有戏剧性，当在场的看护人都在关注两位孩子的争抢并随时准备实施干预时，孩子一个意外的举动"悄无声息"地解决了问题。大家松一口气，相对而笑。一场很有可能是黄色或红色的干预，演变成了绿色干预。

关于低幼孩子之间的争夺，是一个很有意思的话题。对于 2 岁以下的婴幼儿，他们还没有很清晰的物权意识，只要看得见的都会认为是自己的，或者是表现为"无所谓，别人拿走就拿走吧"。作为看护人，我们应该在没有危险隐患的前提下，尽量赋予他们主动解决问题的参与式体验。也许有的孩子会放弃，因为觉得无所谓；有的孩子会坚持争夺，因为觉得是自己的，即便并不是事实；有的孩子则享受的是"凑热闹"或"争夺"的乐趣。

总之，在相对安全的情况下，给予婴幼儿争夺的机会是难能可贵的！竞争、优胜劣汰是永远的现实；文明和谐的社会性的习得，一定是先从身体开始学习，即身体接触的争夺，再慢慢引申到思想和灵魂。我们不能剥夺孩子们学习成长的机会！

值得强调的是，当我们的看护环境不够安全，不能满足婴幼儿的发展需要时，孩子会变得格外焦躁。反过来，孩子的焦躁情绪也会促使大人更倾向于频繁使用"红色干预"。

所以，我们所谓有品质的看护，环境的创设非常重要，这里的环境一方面指的是硬件设施，另一方面则是人的因素。很多时候，在家里六个大人看一个孩子会累得七上八下，专业的日托中心却可以一个老师看护四个孩子，区别就在于，日托中心的环境创设有效地减少了"红色"干预的次数，老师只需要进行相对轻松的绿色或黄色干预即可。

哭闹是婴幼儿的交流方式

在详细讨论婴幼儿的哭闹前，我想先跟大家分享一个亲身经历的故事。

2014 年 4 月，美国加州某个婴幼儿日托中心，一个来自墨西哥、说西班牙语的工作人员正在忙碌，她的看护对象是三个 14 个月左右的婴幼儿。她先跟小朋友们一起唱了几首英语儿歌和西语儿歌，然后告诉大家："现在户外活动时间到了，我们出去玩吧！"其中两个小朋友十分配合，一前一后自己走出去了，剩下一个穿紫色衣服、戴着厚厚矫形眼镜的女孩詹妮弗坐着不动。看护人员蹲下来，张开双臂问道："我抱你出去玩好吗？"詹妮弗没有拒绝。就这样，看护人抱起她转身往外走，这时迎面走来一位背着单肩包的长发女士，胳膊上还抱着一个金发小男孩。

"您好，我约了凯瑟琳，我是来咨询日托中心的。"长发女士说道。

"您直接进屋吧，她就在里面。"看护人员回答。

于是，长发女士径直走进了房间。突然间，詹妮弗放声大哭，情绪非常激动。看护人员问道："你怎么了？是不是想进去啊……那我们进去吧。"

"要不我们一起读故事书吧，来，读这本。"但詹妮弗还是不买账。

"这不是你最喜欢的绘本吗？你现在不喜欢了吗？"看护人员疑惑地问道。然后，她抱起小女孩走向尿布台，可能在想是不是该换尿片了，答案也是否。这时的詹妮弗依旧哭个不停。

看护人也逐渐焦躁起来，抱起詹妮弗轻拍她的后背："你是不是想睡啦。"于是，詹妮弗被放到了婴儿床上，但她哭得更加厉害了，爬起来摇晃着床栏杆以示反抗。看护人不知所措，又把她抱出来，头贴着她的脸轻拍安抚着她，詹妮弗情绪稳定了一些，但依旧哼唧着，看护人也适时平定了一下自己的情绪，5分钟过去了……

就在这时，小姑娘用手指了一下通向后院的通道。看护人员顺着通道走过去，终于悟出了她哭闹的原因。原来詹妮弗是一位刚刚入托不到4天的孩子，而且视力不好，必须每天佩戴矫形眼镜。首先，她还没有摆脱分离焦虑；其次，前来学校咨询的那位女士从身形到发型都很像她的妈妈，尤其是还挎着同样的背包。这让她误认为是妈妈抱着其他小孩来学校却不理自己，因此痛苦不堪。

看护人员选择直面问题，抱着詹妮弗走到那位女士跟前，让詹妮弗摸摸对方的头发，再听听对方说话的声音，并耐心地解释她是谁，小男孩是谁，她不是妈妈，妈妈没有来……慢慢地，詹妮弗情绪平静下来。

我想说的是，多数看护人都可能有类似的育儿体验，面对婴幼儿的哭闹，不知所措乱了阵脚。故事中的看护人，面对一个刚入托 4 天的婴幼儿，凭借行业经验一条条地核实孩子可能的哭闹原因，直到情绪调整后认真观察才找到真实的原因。这个过程虽然让詹妮弗备受"折腾"，但最终的结果还是不错的。

面对不擅长言语表达的婴幼儿，看护人如何更好地面对他们的哭闹呢？以下几点是我的建议：

放 松

婴儿的哭闹，其实是他们渴望与外界交流的语言或讯号。造成他们哭闹的原因有很多种：饿了，困了，尿布脏了，球找不着了，积木倒了，陌生环境害怕了，需要关注了等等。成人在遇到类似情况时，一方面有更强大的应对和解决难题的能力，另一方面，也会选择以语言交流的方式，向相关的人倾诉，以便让自己获得安慰。

对成年人来说，哭，通常是情绪表达的最后一步，但对婴幼儿来说，这个过程正好反过来，哭是他们的第一选择，他们会直接用哭来表达自己的需求。

因此，经常面对婴幼儿哭闹的看护人，首先应该尽可能地使自己放松，意识到哭闹对婴幼儿来说是一种常态。放松能有效地帮助看护人冷静地判断分析，处理情况。反过来，你的紧张焦躁不仅会加剧对方的不安情绪，还会影响到你对哭闹原因的判断能力和处理能力。上述故事中的看护人正是在放松冷静下来后，才找到了女孩哭闹的真正原因。

接纳并回应孩子的情绪需求

当婴幼儿哭泣的时候，我们建议看护人第一时间予以回应，比如，"豆豆，我听到你哭了，怎么了？"

如果由于某些原因，你无法及时赶到现场，也务必要通过语言让孩子知道你已经在关注他（她），等你方便的时候再赶过去。即便不能解决问题，这种语言的接纳和认可，也能大大消除孩子的痛苦焦虑，增强亲子之间的信任。重复几次还会让婴幼儿习得如何去"等待"。

观 察

孩子哭泣的时候你应该如何回应？一定要先观察再行事。

这里的观察包含两层意思。事前的长期观察，和事情发生时的临场观察。作为看护者，你需要在日常生活中认真、持续地观察孩子，甚至记录他们的生活情况，以便于你更好地分辨他们哭泣的原因。比如，你一旦掌握了婴幼儿饥饿用餐的时间点后，就能清晰地预测三个小时后会发生什么，并提前做好准备。当然，哭泣的原因多种多样，这就更需要看护者当场静下心来仔细观察，了解情况后再行动。没有线索的鲁莽行事，只会让双方更加焦虑，局面难控。

"精简"救援团

这可能是中国家庭的特色：孩子一哭，全家人都跑过来，挨个儿询问，轮流献计，过分关注。意见统一还好，若是态度意见不统一，很可能还会引起家庭矛盾。设身处地去想一下，我们成人情绪不好需要帮助时，最希望的是什么？应该是一个至少相对清静的环境，以及真正有能力来帮我们走出困境的人。

对孩子们而言也是如此。孩子哭闹意味着出现了情绪困境，这时如果一会儿爷爷来抱一下，一会儿又让奶奶看一看，热闹闹，乱哄哄，最后却不知该究竟听谁的。在这个被"轮番轰炸"的过程中，孩子可能会变得更加焦躁。但这，恰好就是中国式"水深火热"般看护人文化的缩影。

这里我要特别提出一个概念：重要看护人。

什么意思呢？一般来说，父母在法律上是孩子最直接相关的看护人。但在中国，日常生活中陪伴孩子最多、照料孩子最多的，往往是祖辈、保姆或幼儿园的保育老师。这些担当主要看护工作、跟婴幼儿相处融洽并形成安全依恋关系的看护人，我们统称为"重要看护人"。基于跟孩子安全依恋关系的建立，以及长期看护经验的积累，他们对孩子不同境况的了解和处理相对来说会更加到位，处理方法也更加有效。

因此我建议，面对婴幼儿的哭泣，大家首先不必过度紧张，应该以"放松"的心态细心观察，并派代表特别是"重要看护人"去解决问题。

需要说明的一点是，婴幼儿的聪明远超我们的想象。成人的过分关注、过度反应，会在不知不觉中教会婴儿把哭泣当作"哭器"来"要挟"看护人做出让步，享受"弱者"的特权。等孩子掌握了这个"秘密"，甚至会用眼泪来博取大人的同情和怜悯，进而达到自己的目的。

幼儿园经常有这样的案例，有的孩子明明是自己做错了事，却主动去找老师告状——因为他的家庭生活经验告诉他，只要自己"显得"弱势就一定会得到帮助。结果，老师不得不耗费更多的心血帮助孩子修正行为方式，而且必须是在家庭看护人共同配合的前提下。即使在成人中，也不乏把哭泣当作"哭器"的例子，追根溯源，很可能跟童年看护中不当的"哭泣"处理方式相关。

所以，面对婴幼儿的哭闹，建议看护人放松，认可，回应，观察，找到哭闹的真正原因，"对症下药"。其实，有些"哭闹"并不需要我们过多介入，而是需要"慢下来"耐心地等待，允许他们通过眼泪来调试情绪。

请看下面的案例——

案例 *19* 被狠狠摔到头的 Lucas

Lucas，男宝，16 个月

Lucas 坐在软垫的边上，专注地把一个小容器放到红色脸盆里。尽管软垫只有三厘米厚，但对半个屁股悬空的他还是构成了挑战，一不留神，他侧面摔倒在地，脑袋狠狠地磕到了地上，发出"砰"的一声响。被摔疼的 Lucas 嚎啕大哭起来。Lucas 平日非常坚强，显然这次磕得不轻，旁边的芃芃、徐海和 Aileen 都闻声赶了过来。

作为母亲，看着自己的孩子磕疼，我心里非常难受，本能地想把他一把搂到怀里安慰。旁边的一名看护人员好心地问道："没事吧？"并准备起身过去，我微笑

扫二维码，观看视频

着拒绝了："我来就可以了，谢谢。"此时我知道，如果太多的人拥过来，只会加大 Lucas 的心理负担，甚至让他更加烦躁。

Lucas 一直躺在地上哭着，我"从容"地走过去，用手轻轻地抚摸着他的头发，来帮他放松。"我看到你跌倒了，磕到哪儿了，告诉我？"其实我清楚地看到了一切，却还是执意询问 Lucas 到底磕到了哪里，我需要知道他能否正常思考并回忆刚刚发生的事（这是一种判断孩子受伤程度的好办法）。

"你能起来吗，Lucas？"他听到了我的建议，努力企图用胳膊支撑自己坐起来，但没能成功。我由此猜测他的胳膊可能也摔疼了。于是，我给了他一点儿协助，他坐了起来。"你感觉好点儿了吗？"他一边小声地抽泣着，一边把小容器放回脸盆，显然渐渐地自我恢复了。

跌倒是人生不可避免的挫折体验，所以更需要泰然处之。即使婴幼儿会因摔疼而哭泣，看护人也不必非得立刻施以援手，应尽可能地用语言交流的方式去帮助对方放松。其实我们第一时间的关注回应，已经给了他们一定的心理安抚。同时，我也要建议其他人不要赶过来"集体安慰"，把简单的事情复杂化。尝试着让孩子自己起来，其实能帮助我们真正了解孩子受伤的部位和程度。

建议大家在遇到类似情况时，多一些语言上的沟通询问，例如："你哪里受伤了，是怎么受伤的？"帮助孩子学会思考问题，表达自己的痛楚，进而学会在困境中自己解决问题（至少告知看护人发生了什么）。通过这样的沟通交流，也能避免下次类似情况的发生。上面的案例中，Lucas 因为更清醒地感受到了自己的力量，所以他也很快地平复了情绪。

很多家长面对孩子的哭泣，自己比孩子还要紧张，并且常常把原因归咎于其他事物。这样的做法，不仅导致孩子很难从眼泪中习得美好的人生体验提升自己，更糟的是还会为未来埋下隐患。

我们的幼儿园就有很多这样的案例，比如，刚入托的孩子与其他小朋友发生不快或受到身体伤害时，除了哭泣，完全不懂用其他方法去更好地保护自己和解决问题。老师上前询问原因，也很难回答上来。因此，作为看护人，不要仅仅满足于孩子不哭了，而是要让他们学会阐明哭的原因，并一起学习如何减少类似境况的发生，把"眼泪"化为美好的成长机会！

案例 *20* 主动"投怀送抱"的 Zoe

Zoe，女宝，6 个半月；Toby，男宝，10 个月

这是 Zoe 第二次参加枫叶儿童之家 PREC 的课程。虽然年纪还小，她已经能缓慢地向前爬行。妈妈把 Zoe 放在地上，Zoe 舒服地坐着，随手捡起起身边的铁皮饼干盒盖，努力敲击地面发出"咚咚咚"的声音，这让她越发兴奋，不停地重复着，并时不时发出笑声，口水也快乐地"流淌着"。

趴在旁边的 Toby 也被铁皮盒盖吸引了，他匍匐前

扫二维码，观看视频

进，爬了过来，试着去拿走 Zoe 手中的饼干盒盖。当他拿到盒盖并朝自己的方向拽时，Zoe 慌了，她哭起来，并把目光投向不远处的妈妈寻求帮助。

在看护老师的指导下，妈妈选择了和以往不一样的处理方式，她张开双臂温柔而充满爱意地看着 Zoe，说道："我看到了，Toby 想拿你的玩具，你哭了。"Zoe 继续哭着，伸开手臂指向妈妈，妈妈又回复道："Zoe，你是在找妈妈吗？"Zoe 的哭声更大了，小手继续指向母亲……"你是在找妈妈吗？妈妈在这里，妈妈就在这里，你爬过来就找到妈妈了。"

从妈妈的眼神里，同为人母的我能感受到她有多么想尽快拥抱自己的孩子，但她克制住了，选择了"慢下来"去跟孩子"沟通"，让孩子知道自己已经被关注了，同时也尊重孩子在难过时"努力"的权利。

终于一分钟过去了，Zoe 独自爬到了妈妈的身边，母女拥抱在了一起。妈妈轻轻地抚摸着 Zoe，温柔地给她描述了刚刚发生的一切，Zoe 抽泣着，看着妈妈也聆听着妈妈，很快她的情绪平息了，又笑了起来。

真是令人开心的一幕！

事情的整个过程，看护人都在旁边密切关注和陪伴，我们很清楚 Zoe 的哭泣并不是因为身体或心理的原因，所以，她的妈妈和我们一起选择了"慢下来"，面对"哭泣"并不制止，而是在一旁张开双臂耐心地迎接和等待，最终 Zoe 自己独立爬到了母亲的身边，完美地解决了问题。

现在的 Zoe 是一个自信快乐的小姑娘，相比大她两岁的姐姐，她更加独立、勇敢。她的妈妈总结道，在之前 Zoe 姐姐的养育中，"娇宠"的成分太多了，留下了一些遗憾。

2. 有品质的看护，与婴幼儿共同成长

书中很多地方我都提到了"有品质的看护"，可究竟什么样的看护才是"有品质的看护"呢？这是这一节我想讨论的重点。

心无"杂念"，才能保证"有品质的看护"

先问大家一个问题，在创造并给予机会让婴幼儿充分参与和体验生活时，看护人还需要再频繁参与吗？

很多人都认为需要，我的回答是：不一定。

有品质的看护，需要看护人清空自己的大脑，没有任何"杂念"。

怎么理解呢？即，在这一段时间里，看护人要全神贯注，把自己的注意力和情感都放在看护对象身上，不要去想与看护无关的事情。在这段时间里，你更不允许同时再做其他的工作，做家务、玩手机通通要甩到脑后，把自己全部腾出来陪伴孩子。

有品质的看护不允许鱼和熊掌兼得，你只能二选一，要么做自己的事，孩子解读为你很忙必须工作，要么你陪他（她）让他（她）感受到你圆圆满满的爱。不

完整的关注，只会让孩子觉得自己不重要，不利于亲子情感的培养。

假设你刚交往了一个男朋友，但每次约会他总是还要同时处理其他事情，不是聊微信就是接电话，即便你很喜欢他，也一定会怀疑他对你的诚意。婴幼儿虽然年幼，却同样有着非常细腻的情感和敏感的神经，他们需要我们一心一意、心无旁骛的陪伴。

具体而言，有品质的看护分为两种：

一种是有目的的品质看护，例如帮孩子洗澡、穿戴好后外出等。看护人要做的是尊重、耐心、慢下来，等待对方的回应，换位思考，互惠互利，从而最终达到目的。当然，遇到特殊情况也会需要进行选择性干预。

一种是没有目的的品质看护，在这段时间里，婴幼儿玩什么、怎么玩，快一点慢一点都不重要，你需要的只是尊重孩子自己的选择，尊重他们的探索方式，让他们成为绝对的主角；而你更多地扮演着观众的角色，专注而放松，不需要有任何的介入。

案例 *21*　拍脸盆的"球宝"

球宝，男宝，15个月

与同龄人相比，球宝个子非常高，刚刚 15 个月身高已经 87cm 了。球宝喜欢做"搬运"类的游戏，比如搬运垃圾桶。外婆是他的主要看护人。

有一天，球宝在教室里"闲逛"，看到地上有个塑料脸盆，他习惯性地把塑料脸盆拿起来并高高举过头顶，但是一下没维持住平衡，脸盆掉了下来。落地的刹那，脸盆发出"砰砰"的颤音，让球宝很是感兴趣，高舞着双臂重重地向脸盆拍过去，"砰！"听起来更加震撼。球宝更加兴奋，开始了他的脸盆敲击乐，一只手，两只手，交替双手，不亦乐乎，非常投入，给周围的看护人也带来了欢乐……

然而，接下里的情况却是，看护人的笑声盖过了球宝打盆的"砰砰"声，随之，打击乐停止了，球宝放弃了对脸盆的探索。

上述情形发生时我也在场，觉得有一些遗憾！

我们总是以"看热闹"的状态去陪伴孩子，想聊天就聊天，想说笑就说笑，但真正的观察，需要的是对当事人的尊重。在上述案例中，球宝实际上是被看护人打扰了，他的注意力被强行按停。也许是不好意思，也许是他被大家的目光吓到了，总之他放弃了自己的游戏。我想，当时如果我们这些旁观的看护人能克制一下自己"有声"的喜悦，球宝也许会呈现出更多的精彩吧。

"有一种爱，叫静待花开。"这句话很能表达我对婴幼儿看护的理解。与球宝相似的案例比比皆是，对孩子来说偶尔一两次无伤大雅，但如果类似的体验过于频繁，一方面会妨碍婴幼儿注意力的培养，另一方面也会让他们在幼小的年龄就过于在意他人的眼光，从而失去本真的自我。

有时候情况还会更严重。我经常看到，有些婴幼儿一边玩耍，一边"习惯性"地观察周围看护人的反应。他们手中正在进行的活动，与对方回应的好坏和及时与否形成了强烈的因果关系，每做一件事情都期待能得到对方的积极反馈，他人的认可与回应，成了他们是否继续下去的唯一理由。这导致的结果是，孩子们在掌声喝彩中成长，如果没有掌声就失去了继续下去的勇气。

长远来看，幼年时期对掌声与喝彩的过度依赖，会导致成年后主体性的丧失，他们没有足够的专注能力，去做自己最有兴趣的事。总之，婴幼儿最初发自内心的动力，会很容易被成人的过分"干预"慢慢抹杀，尽管我们的初衷是爱。

在我看来，孩子是不需要我们教他们怎么玩的，他们天生就是"玩家"，充满了无限的创意和不可预见性。很多时候，看护人贴身的看护、陪玩和指导，其实是"画蛇添足"。成人的思维定式，常常会固化我们对事物的态度和探索方式，但孩子却是全然开放的。

在PREC课程里，我经常收集一些空冰激凌盒子。仅仅是这些环保材料制成的空盒子，就会被婴幼儿玩出各种花样。他们有的非常专注地咬着盒子，有的用盒子敲击地面制造出响亮的声音，有的尝试把物体放进去再倒出来，有的尝试把不同或相同形状的盒子叠放起来，有的把盒子抛向空中又捡起来，有的把所有的盒子垒起来当积木，有的找到勺子假装盒子里有食物喂小玩偶吃饭，等等。

总之，只有我们想不到的，没有他们做不到的。此时的看护者，应该绝对尊重婴幼儿的想法和思维方式，不要对他们横加干涉。

下面是一张儿童亲子中心休息大厅的照片。有的孩子在认真翻阅书籍，有的孩子在专注地玩沙子，有的孩子在墙面玩具前站立了许久，有的孩子躺在地上快乐地踢腿，他们的看护人都在适当的距离范围内陪护着。孩子们的声音多于成人的声音，一片宁静平和的景象，其乐融融。

"看好"你的孩子——如何观察婴幼儿

　　这里的"看"，指的是我们要停下来，用心地观察孩子。你不看他（她），不好好地观察他（她），你永远弄不懂他（她）在想什么，到底想做什么；坚持看他（她），你会发现他（她）真的很美。

以下是我在 PREC 课程中对帅帅的观察日志（节录）：

2014 年 5 月 8 日

帅帅花了约 15 分钟时间在教室里"遛弯儿"，看看桌子上的积木，又伸手摸了摸，接着慢慢走向地上的小铲子，捡起来摸摸，又放到了一边……

2014 年 5 月 15 日

帅帅一直依偎在妈妈身边，观察着其他小朋友。约摸 8 分钟后，他站起来开始了自己的探索，滚滚身边的红色小球，并发现了前方的蓝色海绵球。看到旁边的大鹏专注地玩着小汽车，他观察了一会儿，但没有过去拿，而是随机找了另一辆小车来玩……

2014 年 5 月 29 日

帅帅一进教室就拿起球来玩，他找到了一个带孔的黄色手抓球，还喜欢上了大鹏手上的蓝色海绵球，他试图夺过来，但大鹏并不相让，而是顺势一躲，帅帅落空了，但他并没有特别生气。帅帅抛下手里的黄色手抓球，走向两个软胶小桶，一个绿色一个红色，他左右手各提一只，一边拿着一边爬上了木桥。

帅帅看到桥上有一把黑勺子，好像又动了心，他看看黑勺子又看看手中的小桶，思索比较了一番，最后决定扔掉小桶要黑勺子。这时，好心的爸爸递给他大鹏刚扔掉的蓝色海绵球（这是他之前争夺过的玩具），帅帅看了一眼，推开了，走向另一个角落，一直好像在找什么东西。最终，他捡起一把黑色的小叉子。看了看左手的黑勺子，又看看看右手的黑叉子，很是满足。

从上面的三篇观察日志来看，一个月内，帅帅在认知上获得了巨大的发展。从最开始漫无目的地随机挑选玩具，到后来以相似性配对为目的挑选玩具，完成了婴幼儿在收集玩具过程中的"质"的飞跃！而在我通过观察记录下帅帅的发展特点前，他的父母曾无数次地质疑自己孩子的行为，甚至有些焦虑，直至我们一起共同观察孩子，他们才真正开始理解他。

所以，多花些时间去认真观察吧，好好地"看看"你的宝贝，你会发现越看越值得看。通常情况下，我们建议看护人每天至少保证 30 分钟品质看护（观察）时间，并适当地做一些记载。这些弥足珍贵的观察日记，会让你看到自己的孩子每一天都在一点一滴地成长，也会让你对育儿充满自信!

如何做到更好地观察

真正做到有品质的观察，不是一件容易的事，需要看护人停下来，去看，去听，去想。具体来说，你需要做到以下几点：

A. 保持安静，深呼吸，放松心情

B. 清空你的大脑，不去想之前的事，对接下来可能发生的情况不做预设

C. 尽可能贴墙而坐，像壁虎那样安静耐心，并告诉自己：我不是主角，我只是观众

D. 全神贯注地去看、去听，除非孩子需要你

E. 不做任何评价，客观地跟其他看护人分享你的观察所得

F. 每天坚持至少15分钟，并保持这一记录，直到变成你的习惯

0到2岁的婴幼儿，我们需要观察什么？

针对观察对象，我们根据婴幼儿的肌肉发展水平将他们分成两组：

一、暂不具备行走能力的婴幼儿

二、可以独立行走的婴幼儿

这样分组的好处是，我们能有效地观察到低龄阶段婴幼儿的体能发展状况；大一些的孩子，我们能更好地拓展他们互动游戏的能力和社交情感的发展。

下面是一些观察思路，供大家参考：

暂不具备行走能力的婴幼儿大肌肉发展观察

当你观察时，他（她）身体的哪部分在运动？动作是否流畅？

他（她）有没有重复地做同一个动作，如果有，做了多少次？

在运动过程中，他（她）让你感到最惊喜的是什么？

他（她）有没有变换姿势，如果有，是从什么姿势到什么姿势？

哪个姿势让他（她）表现最活跃？

哪个姿势他（她）保持的时间最长？哪个姿势他（她）的注意力最集中？

暂不具备行走能力的婴幼儿小肌肉发展观察

他（她）能用手指拿起物体吗？都拿了哪些？

他（她）的手指运动快吗？（尤其适合新生儿）

在有限的时间内，他（她）拿了多少件不同的物体？

他（她）最长能在同一个物体上花多长时间，是什么样的物体？

他（她）是怎么使用自己的手的？（尤其适合新生儿）

他（她）有没有出现双手交替的游戏？

他（她）最感兴趣的是什么物体？

行走阶段婴幼儿的体能发展观察

他（她）做了哪些大运动？比如：攀爬，踮脚，跳跃。

他（她）喜欢哪些大型的运动设备？

他（她）是否具备防范危险的能力？

他（她）的平衡感发展得怎样？

他（她）喜欢玩什么样的玩具，能专注地玩多久？

行走阶段婴幼儿与他人的游戏互动发展观察

他（她）是否和其他孩子一起玩耍，如果有，怎么进行的？

在玩耍过程中，他们之间是否有语言交流和身体接触，具体细节如何？

通过一起玩耍，你认为他们之间是否建立了友谊？

他（她）和伙伴们有没有出现矛盾？各自表现如何？最后又是怎么解决的？

他（她）有没有跟成年人产生互动，具体是什么？

在跟成人的互动中，他（她）获得更多的是被尊重的正面体验，还是被忽视的负面体验？具体描述。

行走阶段婴幼儿与他人的社交情感观察

他（她）在此期间有没有哭闹，多长时间，最后如何解决的？

他（她）能否用语言（口语或者肢体语言）向其他人成功地表达自己？

当他（她）需要帮助时，是否懂得寻求帮助？具体使用的是什么方法？

他（她）都向你展现了哪些解决问题的能力？

他（她）是否与他人有分歧？是否有暴力行为？

他人的语言是否对他（她）的行为产生作用？是顺从还是抵抗？

由于婴幼儿的各项发展需要连贯的、长时间的观察才能被系统地了解，大家也可以选择坚持写观察日记来记录婴幼儿的行为，方便所有的看护人客观即时地了解孩子各方面的发展。

下面是一篇PREC课程的观察日志范本，供大家参考。

PREC 课程观察日志

宝宝姓名：佳佳

出生日期：2013-02-23

年龄：18 个月

授课老师：Sophia

观察记录人：Bella.li

记录日期：2014-08

※ **肌肉动作的发展表现行为**

大肌肉运动：佳佳想要从椅子上站起身，但椅子与桌子之间的空间较小，于是将腿抬起来，想从其他地方出去，左腿迈到了椅子的扶手与边框之间，被卡住，站不起来，于是将腿蜷起，收回去，再将腿放下，站起来，双手将椅子向后推，离开椅子。

厨房工具：跟爸爸一起探索厨房工具。

※ **社交互动**

与宝宝的冲突：宝宝向桥上走，宝宝对着佳佳摇摆右手说："不要不要。"宝宝继续前进，宝宝走过去用右手抓了一下佳佳左边的脸颊，宝宝妈大声"哎"了一声，快速过去，拿开宝宝的手说"不能这样"。Sophia 走过去抱住佳佳："宝宝抓了佳佳，佳佳这儿疼了。"之后轻轻地抚摸宝宝："宝宝，要轻轻的。"

佳佳搬着椅子到了柜子旁边，想要坐下去，宝宝想要搬同一把椅子，佳佳坐在上面，宝宝没有搬动，用左手捏了一下佳佳的脸，佳佳妈妈干预，拿开宝宝的手。宝宝妈跑到宝宝身边干预，宝宝走开，妈妈跟在宝宝身后摸摸宝宝说"轻轻地轻轻地"，宝宝自己重复"轻轻地"。

与然然的交流：佳佳想要坐然然的位置，看见然然起身，忙跑过去，用屁股将椅子稍微拱开，回头一直在观察然然的运动方向，在确定然然不会回来后，小心地坐下，眼睛仍然盯着然然。

然然坐在妈妈怀里，手里拿着木勺子和绿盒子，佳佳走过去拽住然然右手里的木勺，然然不松手，两人开始角力，对峙了一会，然然松手放弃了木勺。佳佳拿到之后开始拿然然手里的绿色铁盆，然然站起身来躲避，遂将绿色铁盆扔在妈妈怀里，之后跑走。佳佳手里拿着这两样东西准备上桥。然然将佳佳挤开，先爬上桥，坐在桥上向后扭身趴着看佳佳，佳佳将手里的勺子和盆递给然然。

※ **情感**

躲避，在桥边蹲着玩耍，宝宝慢慢靠过来，佳佳翻身走开，选择躲避。

※ **语言**

语言丰富多样，有基本的对话，能拿着木质小勺在椅子扶手上敲打节奏，嘴里哼唱，还会边走路边数：1，2，3，4。

※ **课程关注点**

孩子四种错误行为的目的：

寻求过度关注：唯有得到特别的关注或者特别的服务时，才有归属感。唯有让"你"为"我"团团转的时候，"我"才是最重要的。

寻求权力：唯有当"我"来主导或者控制，或证明"没有谁能主导得了我"的时候，"我"才有归属感。"你制服不了我。"

报复："我"没有归属感，受到伤害就要以牙还牙。"我"反正没人疼爱。

自暴自弃："我"不相信"我"能有所归属，"我"要让别人知道不能对"我"寄予任何希望。"我"无助且无能；既然"我"怎么都做不好，努力也没用。

"辣妈"，"辣"在激情澎湃的思想"热度"

80后、90后的父母大军，是在计划生育的社会大环境下成长的一代，渴望自由、自我，追求个人价值的尽可能实现，是他们内心的声音。这与PREC课堂所提倡的培养独立自主、有竞争力的宝宝目标其实是一致的。

母亲渴望自由、渴望自我，才会更愿意给予孩子自由探索、本真成长的机会。新时代的育儿理想，不仅包括对孩子的教育，更包括父母自身的成长。相应地，"辣妈"这个词替代了传统的"慈母"形象，成为新一代母亲追崇的目标。

谈到辣妈，大家首先想到的就是"S"型小蛮腰、热辣性感的外形气质。的确，现在无论是健康知识还是医疗服务的普及，都给新生儿妈妈提供了更多的信息和可能，使她们能尽快恢复到生孩子之前的光鲜状态。当然，前提是妈妈们要有意识地在除了关注孩子之外，不放弃对自己的要求。

相比"一切以孩子做主导""孩子永远是第一位的"的观念，我更欣赏妈妈们不因为新的人生角色的增加而放弃对自己理想的追求。

婴幼儿天生就具有审美能力，他们都希望看到更加美丽、自信、最佳状态下的妈妈。某种程度上，甚至也会影响到孩子对自己的认知、未来的追求以及择偶标准。就像很多母亲是短发或者戴眼镜的小朋友，都会好奇地跟妈妈建议："妈妈，你留长头发吧""妈妈你摘掉眼镜吧"。足见每个孩子都对女性形象、母亲形象有他们天真的理解和向往。所以我极力主张，每个母亲都要"既珍视孩子，又珍视自己"，活得精彩。而且要坚信一点：你很美，你就是很美，而且你真的很美！

"辣妈"新标准：温柔、接纳，让爸爸参与进来

很多人这样评论国内目前的家庭育儿状态："失守"的父亲，"焦虑"的母亲和"失控"的孩子。这是非常严重的社会问题，而在家庭中，首先给妈妈们提出了巨大的挑战。

所谓"辣妈"，一定是"辣"在思想而非"辣"在言行，"辣"在对于先进教育理念的理解和掌握，并成功地运用。辣妈需要运用"温柔""平和"的态度，去面对自己和其他的家庭成员。这意味着，你不需要是完美的，更不需要格外"厉害"和"全能"。你只要做本真的自己，

接纳自己的情绪和内心的需求，"温柔"地对待自己和他人就可以了。

育儿的过程就像一场接力长跑，你不应该成为唯一参赛的选手，你要有意识地允许并培养出和你一样优秀的"选手"，你不仅需要有战略，还得有战术。

"温柔""平和"能帮助你保持相对稳定的节奏，以持久的饱满状态坚持到底。不要把自己绷得太紧，也不要过于逞强，该放松的时候就要放松。你需要尊重孩子，尊重家庭其他成员，同时你也要学会尊重自己。适当地给自己放个假，出去走走看看，继续你的兴趣爱好，这都能帮你保持自己最好的状态。

试想，如果你每天都不高兴，又怎么可能更好地给孩子传递快乐呢？你的孩子又怎么能喜欢一个总是闷闷不乐的妈妈呢？

育儿从来就不应该是母亲的专利，父亲也担任着极其重要的角色。所以，如何赋予爸爸参与的机会，提升爸爸们育儿的兴趣和信心，也成了检验"辣妈"的重要标准。

很多控制型妈妈很容易把自己练成"女汉子"，不知不觉就跳进"痛苦"深渊，不能自拔。明明幸福的三口之家，硬是变成了"婚内单亲"状态，即，爸爸基本不参与孩子的养育过程。

我遇到很多这样的"女汉子"，的确，她们一方面能力很强，另一方面过于追求完美，对其他家庭成员的看护能力总是质疑挑剔。"连穿个尿片都能穿歪，算了我来。""这个奶粉冲得太烫了，会烫着孩子的，我自己来。""你看你给孩子搭配的衣服，一点儿都不协调。""算了，这事我也不指望你了，忙你的去吧……"诸如此类的对话，活生生地把主动参与育儿的爸爸隔离到了一旁，打击了本来就对育儿不自信的爸爸，甚至让夫妻关系也变得更加尴尬紧张。

我们需要用"温柔"的态度，接纳孩子成长过程中的不完美，同时也要接纳自己以及其他看护人的不完美。没有谁天生就会做父母，我们都需要学习，同时我们也都是凡人，有本真的情感，我们既有权享受育儿的快乐，也同样需要用正确的方式和渠道，去放松发泄我们的负面情绪。当然，我们也需要其他看护人能适当地换位思考，接过我们的接力棒，和我们共同育儿。

所以，如果你真的是"辣妈"，就一定要善于运用智慧。

"辣妈"，我们一起学习，共同成长

人们常说人生有两次重要的成长机会，一次是你恋爱结婚，一次是你荣升为父母。两次都需要你无条件地付出，两次的过程都像镜子一样，清晰地反射出我们自己的"样子"。特别是对孩子的教育，用英语说叫"monkey see, monkey do"（意为言传身教），家长就是孩子的第一任也是首要老师，大到世界观、人生观、价值观，小到言行举止，无不耳濡目染影响深远。而每个孩子又是单独的个体，他们有着不一样的心智特点和成长环境，所以真的需要看护人加强学习，了解自己，了解孩子，从而真正地成为孩子的良师益友！

看到越来越多的家长开始关注婴幼儿教育，让我感到莫大的快乐。如果你要做"辣妈"，就需要不断地给自己充电，不断刷新自己的知识、智慧。让我们一起学习成长吧！

3. "养"中"育"，每一秒都是成长课堂
——育养中的经典案例分享

通过前面章节的论述，大家应该已经意识到把教育

理念融入养护环节的重要性了，但真正谈到融会贯通地执行，可能还需要日常实践中的经常练习。

下面是我们在推广 PREC 教育理念时，参与培训的家庭大胆实践的经典案例。

案例 22 婴幼儿的集体用餐

徐海，男宝，19个月；Lucas，男宝，17个月；窗窗，女宝，16个月；Aileen，女宝，16个月；芃芃，女宝，16个月半

在PREC亲子课堂上，老师告诉孩子们要吃香蕉了，如果愿意的话可以坐过来一起吃。于是，小朋友们纷纷围坐到了一起。老师开始轮流进行一对一擦手的环节：

扫二维码，观看视频

"我可以给你擦手吗？"耐心地等待孩子们的回复，得到许可后动作轻柔地把伸过来的小手擦干净，然后老师拿出香蕉，逐一邀请他们来剥香蕉皮。孩子们积极踊跃，参与热情高涨。最后，老师把香蕉分成小块发给大家，并在一边等候观察，看到有小朋友吃完就上前询问："你还要香蕉吗？"等待并予以回应。

只要婴幼儿可以独立坐板凳，我们就可以给他们提供独立用餐或参与集体用餐的机会。面对这样一群 16 个月左右的婴幼儿，老师充分尊重他们的参与意愿，组织了集体用餐。通过礼貌地询问孩子们的用餐需求，给了孩子们足够的自主权。在邀请愿意吃香蕉的孩子坐下来后，老师与孩子们进行了一对一有秩序的沟通对话，有等待也有回应，特别是"剥香蕉"的环节，受到了孩子们的追捧，极大地满足了他们的好奇心和参与欲望。

很多家长看到这个情景都很诧异，这么小的婴幼儿，是怎样让他们"听话"地坐在一起就餐的？其实，只要尊重孩子，给他们创造主动参与的机会，就能让他们"乖乖听话"。

这次视频其实是在我第三次带领孩子们就餐时拍摄

的，前两次的就餐环节基本上也是 50% 的孩子参与，另外的孩子都在旁边玩耍。

我选择了尊重他们的选择——我不想吃所以我不过去吃；我不喜欢吃所以虽然饿我也不去；我不敢去吃因为跟那个老师还有小朋友们还不熟；他们到底做什么？我想先看看再行事；相比香蕉，小玩具更吸引我，我想专注我手上的玩具……

总之，我们要尊重他们的想法。吃与不吃，都是他们的权利，他们拥有绝对的自主权。但只要他们愿意就餐，我们永远欢迎他们。但是同时，也要坚定我们的规则：安心、专心地就餐，不能同时干其他的事情，比如玩玩具；就餐前需要擦手、带围嘴，遵守基本的就餐规则。

其实，在我看来，就餐本身并不重要，重要的是通过就餐创造机会，让婴幼儿聚集到一起，做一件"有规则的"事情！你会发现，很多孩子因为爱吃而就餐，很多孩子因为想参与到大家当中而就餐，当然也有孩子因为各种原因选择了躲避。但这都是他们最"本真"的反应，我们要做的就是"慢下来"，给他们充分的时间和机会去体验生活、了解生活。

大家可能注意到了，这个就餐环节我用的是英语对话，而几位小朋友中除了Lucas，其他家庭基本是纯粹的中文环境，但就是每周一次的餐饮环节，孩子们很快便能理解和模仿，这也验证了婴幼儿处于语言发展的高度敏感期。

当然，这个视频中也有我做得不到位的地方。比如，作为老师同时也是母亲的我，听到Lucas好几次渴望地说着"banana, banana"，我却刻意地选择了"视而不见"。我本来应该回应他，但基于他实在太"活跃"，我有点"担心"过多地回应他会造成对别的孩子的忽视。后来，回想当时的情景，我感到十分后悔，孩子们天真无邪，其实是作为成人的我顾虑得太多了。

案例 *23* 扶着奶瓶喝奶的 Henry

Henry，男宝，6个月

Henry 还不会爬行，他躺在软垫子上哭着，但没有眼泪。负责看护的阿姨轻声询问："Henry，你是不是饿了？想喝奶了，是吗？"很从容地，阿姨拿出奶瓶在 Henry 眼前晃了一下，试图确认她理解的是否正确。

Henry 马上伸手去够奶瓶，阿姨的猜测得到了验证。
"我现在就给我们的 Henry 温奶去，就一分钟，等会儿哦……"阿姨娴熟地操作着，不一会儿拿着奶瓶回来了，轻轻地抱起 Henry，让他侧坐在自己的腿上，把奶瓶放在离 Henry 大约 25 厘米左右的地方，等待他的反应。只见小家伙敏捷地伸出右手去抱奶瓶，不过玻璃奶瓶的重量超过了他的抓举能力，最终在阿姨的辅助下，Henry 捧着瓶子喝起奶来。

这个案例中的阿姨是一位经验丰富的优秀看护者，她从容淡定地应对孩子的生理需求和情绪，让刚刚 6 个月的 Henry 学会了肢体语言沟通的技能，并享受到了流畅沟通的愉悦。即便是喝奶这样司空见惯的环节，阿姨也遵守了"慢下来"、尊重孩子自我发展的原则，充分调动了 Henry 的主观能动性，让他参与到够奶瓶、抓握奶瓶的过程中，而不是由大人直接塞到孩子嘴里被动喂食。相信 Henry 的小手指经过训练一定更灵活有力。

独立自信的宝宝就是这样培养出来的！

Mike，男宝，11 个月

看护人隐约闻到一股"便便"的味道，她微笑着对 Mike 说："你是不是拉便便了？"Mike 也微笑回应，似乎还带着骄傲——我拉便便了。

"我们去换尿片吧，换完了你会更舒服。"看护人建议道。然后慢慢地，她抱起 Mike 走向尿布台。"我要解开你拉拉裤的按钮了，"看护人问道，"你要自己撕开尿片拉扣吗？"Mike 没有拒绝，看护人把 Mike 的小手放到尿片的粘扣处，协助他一同拉开粘扣，一个，两个。"请抬起你的腿。"看护人说道。Mike 非常配合地抬起了腿。看护人先用热毛巾擦拭 Mike 的小屁股，接着用凉一些的湿巾擦拭，嘴里不停地跟 Mike 说着"这个有点儿热，这个有点儿凉"，Mike 都十分接纳地配合着。

看护人把弄脏的尿片取下来，卷到一起放到一个塑料袋里，然后展示给 Mike 看（这是 Mike 的"劳动成果"，拉便便对于婴幼儿也是不小的工程），Mike 显得非常兴奋。看护人又拿出干净的尿片给 Mike 看，和他一起分享尿片上的图案："你看，这个上面还有小猪。"Mike 对小猪十分感兴趣，主动抬起了双腿。

看护人帮 Mike 把手放在新尿片的粘扣旁边，在她的协助下 Mike 扣上了新的尿片。看护人确认道："你再检查一下尿片换好了吗，舒服吗？"Mike 用手按压着新的尿片，很是满足。

接着，看护人扶着 Mike 坐起来，他积极地拿起装着旧尿片的塑料袋，扔到了垃圾桶，并扬起手来示意看护人：洗手吧。

这个换尿片的过程，轻松自如，如行云流水般顺畅自然。看护人高度秉承了 PREC 的理念，多次与孩子进行细致入微的沟通，并耐心地等待孩子的回应。这种尽可能让孩子参与到整个活动中的做法，让他感觉"我不是被换尿片而是在和看护阿姨一起换尿片"，所以他表现出较多的配合、理解和兴趣，也收获了宝贵的生活自理体验。

我们相信，这位看护人每天一定是以同样的方式在与孩子进行互动，这才有了 Mike 对整个流程的熟悉、配合，甚至是期待和参与，最后随手把旧尿片扔到垃圾桶的做法，也是长期以来养成的习惯。

案例 **25** 玩小滑车的 Lucas

Lucas，男宝，16 个月

  Lucas 发现垫子上面有一个小绳拉车，显然并不是滑板车，却被 Lucas 当成了滑板车，他站到上面并出乎意料地保持了平衡，连他自己都发出了"咦咦"的惊叹声。

  爸爸感觉到潜在的危险，给了 Lucas 一个手指作为支撑。这给 Lucas 接下来的"挑战性"动作提供了安全防护，他玩得更带劲了，开始尝试单脚站立。我也一直在关注 Lucas，开始跟他进行语言沟通，提醒他这个动作很危险，需要小心。对于我的建议，Lucas 有些不高兴，还是执意自己的玩法。我选择伸开双臂，确保一旦

扫二维码，观看视频

有危险发生能托住他。

果然，他摔倒了，当然也被我安全地抱住了，除了受到一点"惊吓"，并没有太大的伤害。我趁机给他强调了一下这种游戏方式潜在的危险。他似乎也听懂了，几秒钟后选择用手推的方式去玩小滑车了。

婴幼儿经常会做一些有挑战性的游戏。尽管我们赞叹他们"伟大"的创意，但也必须高度关注潜藏的危险。

在上面的案例中，我判断不会有太大的安全隐患，所以选择了"黄色干预"，即，通过语言沟通告诉他"危险""要小心"，并时刻准备"上场""后援"。对婴幼儿而言，很多时候语言的"警告"是不奏效的，所以还要做好"坏"的打算。

在有安全保障的前提下，让孩子"体验"一下"碰壁"也不失为有效的方法。相信大家都有这样的体会，孩子看见大人吃辣椒也想尝试，尽管父母一直都在解释"辣"，但并不奏效（一个从来没有吃过辣的人是无法理解辣的滋味的），所以不如给孩子品尝一点。不过我也建议在品尝之前，要先告诫孩子这个"很辣"。参与式体验的学习方法是最有效的！

PREC

participation | respect | environment | care
参与 | 尊重 | 环境 | 看护

第五章　婴幼儿发展如是观

1. 三翻六坐八爬这样看

——论婴幼儿的体能发展

传统育儿中有一种非常流行的说法，叫"三翻六坐八爬"，我想说：停！坐和爬谁先谁后，还真不一定。甚至还有些孩子会跳过爬行，直接进入扶站行走阶段。这样的案例我见到过很多。

因此，我强烈反对看护人把这句话作为锻炼孩子阶段性目标的依据，强行进行体能训练。我想说，请"尊重"每个孩子不同的成长发育过程，翻、坐、爬、走、跑、跳，都是随着婴幼儿体能发育水到渠成的事。只要你给予孩子本真的生活环境，适当的时候，他们自然就会展现出相应的能力，看护人其实不用着急去强化训练。你只需要"慢下来"，自然地去见证婴幼儿各个里程碑式的进步！

大部分看护人最看重的是爬行，很多育儿书籍也都强调爬行在婴幼儿体能、智力、社交发展中的重要性。的确，婴幼儿的爬行对脑神经系统功能的发育，有一系列的好处，也有助于婴幼儿视觉、听觉、空间感、平衡感的发育，促进身体四肢的协调；还可使血液循环流畅，促进肌肉、骨骼的生长发育。另外，一周岁之前也是婴儿视力发展尚不成熟的时期，这个阶段的婴幼儿也更适合爬行。

然而，不得不面对的一个现实却是，目前的大小环境都不利于婴幼儿"畅快"地爬行。

家居等环境因素的制约

爬行需要开阔的空间，不管是室内还是户外；爬行也需要在不同的材质上进行，软的、硬的、粗糙的、光滑的。显然，我们婴幼儿目前的生活环境，真正适合婴幼儿"大显身手"的地方并不多。

很多婴儿根本就没有经过爬行这一阶段，或者是没爬多久，就开始站起来走路了。其中一个重要的原因，就是"平原式"的家具环境创设,让爬行体验平淡无趣。婴幼儿喜欢的是隧道、洞穴、斜坡,这些更能刺激他们的探索欲望。另一方面,空间相对狭小,不够孩子们充分地施展,刚爬两步就是茶几或沙发,再爬两步就是床或电视柜,既然有地方扶,于是干脆就站起来了。但在没有充分培养平衡感的前提下就过早地跨越到行走阶段,还是存在隐患的,频繁的"跌倒"会影响孩子更好地发育。

抱得太多,禁锢了婴幼儿体能的发展

问大家一个问题,什么样的姿势你觉得最舒服呢,是坐着,站着,还是躺着?一般来说,大家都会回答:躺着。因为人躺着的时候身体最放松,四肢最不受约束,想怎么动就怎么动。

因此,婴幼儿也十分需要"躺卧",以便于他们做各种探索和尝试。玩手、伸胳膊、踢腿、翻身、抬头,你只要让婴儿躺卧在平面上,他们就会根据需求活动自己的身体,让四肢得到充分的发展。相信下面的这张大肌肉运动发展示意图能帮助你理解这一点。

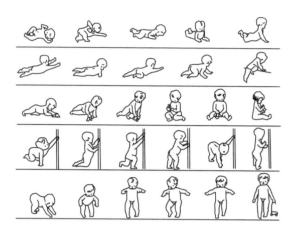

▲ 大肌肉运动发展示意图

从躺卧到翻身，再到爬行或坐着，一直延续到扶站、独立行走，这是再自然不过的事，看护人大可不必担忧着急。最好的例证就是我们的祖辈们，他们并没有经过专业体能的培训，但依然拥有相应的能力。因此，大体上来说，家长以及看护人要有一个轻松的心态。

先有行动的独立，才有人格的独立

2014 年 11 月的一天，我带孩子去北京海洋馆看海豚表演。奇怪的是，21 个月的他是当时我看到的唯一一个独立走进场馆和走出场馆的小朋友，其他孩子几乎都是抱着或用婴儿车推着。我不由地想，孩子们你们怎么了？家长们你们又怎么了？为什么不让孩子独立行走呢？天气是有点儿冷，但是选择生活在北方首先就要学会适应这样的天气啊。

很多看护人喜欢抱小孩，认为孩子这么小肯定很缺乏安全感，出于一种爱怜的情绪就会想"我应该多抱抱他（她）"。类似拥抱的身体接触，的确有利于婴幼儿触觉等感官的发展和安全感的建立，但这样的机会很多，比如哺乳或抱着婴儿喂食时、换尿片时、洗澡时等等，这些都能满足孩子的生理和心理需求。但有的看护人却总是"孩不离手"，美其名曰"掌上明珠"。这样做的最终结果就是把一个积极主动的小生命，活生生地培养成爱享福的"小猪猪"。

事实却是，当你抱着孩子的时候，孩子的手脚同时也被你束缚了，并不利于婴幼儿正常的体能发展。另外，你越是抱孩子，孩子就会越依赖你的怀抱。小时候自然是能抱得动的，但是，孩子的体重会不断增长，直到对你来说变成一个沉重的负荷。

更为重要的是，孩子总是被大人抱着，生理上的依赖最终会转化成心理上的依赖，一个原本主动积极的小生命逐渐变得懒惰消极——你抱着我，你去给我拿，你来帮我弄。有了身体的独立，才能更好地拥有心理的独立。看护人要时刻记住，先有行动的独立，然后才会有人格的独立；孩子的路一定要让他们学会自己走，我们不可能陪伴他们一生。

有些看护人控制不住自己的情感依恋，就是喜欢抱孩子，有的看护人则是熬不住孩子的"哭器"，刚哭两声就投降了。前者需要对自己"狠一点"，后者需要对孩子"狠一点"，这样才不会主动或被动地阻碍婴幼儿的成长。

2. 说多说少"看着办"
——论婴幼儿的语言能力发展

作为看护人，应该尽可能创造优秀的语言学习环境，掌握先进的教育理念，来帮助孩子更好地发展语言。

下面是哈佛大学早期教育中心发布的一张在相对优秀和相对恶劣的语言环境下婴幼儿语言发展对比图，数据显示，2岁的婴幼儿就已经产生了巨大的语言发展差距，最大的能达到2～3倍。

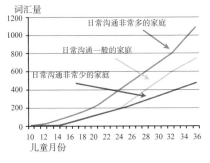

词汇量

1200
1000
800
600
400
200
0

日常沟通非常多的家庭

日常沟通一般的家庭

日常沟通非常少的家庭

10 12 14 16 18 20 22 24 26 28 30 32 34 36
儿童月份

生命早期是否具有丰富的语言环境对婴幼儿的健康发展具有重要影响。

▲ 婴幼儿语言发展对比图

　　造成这个巨大差距的重要原因，就是婴幼儿语言环境的不同。充分的语言输入，才会换来更多的语言表达；轻松快乐的环境，显然更能激发孩子的表达意愿和更多的可能性。

　　"你不跟我说话，我怎么知道怎么说话？"

　　语言能力的发展分为四个方面：听、说、读、写。

　　显然，"听"是四要素之首，是语言综合能力发展的前提，没有语言的输入，就谈不上后面的说、读和写。因此，培养婴幼儿的语言能力，要从多跟他们说话开始。其实，从孕期的第6个月起，胎儿就已经有了一定的听力水平，所以即使出生第一天就跟孩子进行语言交流，也并不算太早。

有人会问，他们能听得懂吗？我的回答是，每个人都要经历从不懂到懂的过程，如果婴幼儿缺少"听"人说话的经验，那么他们永远也不可能学会说话。

婴儿出生最初的成长阶段，主要是在日常看护中进行的，最基本的看护体验，都是直接作用于婴儿的身体，刺激他们的感官，帮助他们认知语言。如果我们在看护中能够"慢下来"，把语言交流融入进去，给他们充分的时间去听我们的声音，去观察我们的表情，都会有利于他们更好地理解语言是怎么一回事。

比如，当你告诉他（她）需要抬起胳膊的时候，你正在抬起他（她）的胳膊；当你告诉他（她）"妈妈要给你做按摩喽，我的手有点凉"时，你正在用双手给他（她）身体抹油做按摩；当你说"你真是个可人儿"的时候，你快乐的微笑会让他（她）清晰地了解喜欢一个人是什么样的表情。

在与婴幼儿交流的过程中，我们需要做到以下几点：

● 在跟孩子有任何互动前，先告知孩子你要做什么；

● 跟孩子说话时，一定要"慢下来"等待对方的回应，让孩子参与到对话中（有可能是其他的语言形式，如肢体语言）；

- 认可孩子的回应，并描述他（她）的反应；

- 与孩子对话时应使用正常的词汇，简洁的短语和短句；

- 切忌刻意教孩子说话，并强行纠正孩子的发音方式。这样只会造成他（她）的紧张情绪和跟外界交流的敌对情绪；

- 营造一个丰富的语言学习环境，以激发他（她）的社交表达意愿。

当然，不同年龄阶段的语言环境创设会有所不同：

	18个月以下	18个月以上
优秀的语言学习环境创设所需要的事物	⊙婴儿视线内能看到的图片 ⊙可以发出声音的摇晃玩具，最好能清晰地看出是什么在发声 ⊙仿真娃娃 ⊙内容简洁的布书 ⊙书籍尤其是材质有着对比性触觉刺激的书籍，例如光滑的、粗糙的、厚的、薄的 ⊙操作性强的玩具，尽可能挑选形状、颜色、质地、声音、大小多样化的玩具，例如：球、积木等 ⊙音乐光盘	⊙以真实事物为图像的书本（尽量少选卡通虚拟人物） ⊙安全有趣的乐器，如：小沙锤 ⊙音乐播放器、CD ⊙幼儿熟悉的事物模型，如：农场的动物，水果蔬菜，小宠物 ⊙用来角色扮演的服装 ⊙全身镜 ⊙根据婴幼儿身高特点贴放的图片海报 ⊙适龄的玩具，如：玩具电话，汽车，厨房工具，动物玩偶 ⊙真实的事物与图片的一一对应游戏 ⊙随时可以用来绘画、书写的画板、画笔 ⊙丰富的触觉体验，粗糙的、光滑的 ⊙家庭成员照片

"你把我的话都说完了，我还能说什么"

让孩子成为话题的主导者，这样他（她）才愿意"打开话匣子"。

下面是同一个场景下发生的两个故事，我们来比较一下两者的差异：

案例 26 琪琪的沙袋

琪琪，女宝，18个月

在爸爸的陪护下，琪琪在体能房玩耍。她独自顺着斜坡爬上了小桥，自豪地对着爸爸微笑，爸爸回应道："琪琪你爬到'顶端'啦，好高'啊。"

得到爸爸的认可，琪琪更加开心。她继续在桥上走着，脚好像踩到了什么东西，于是蹲下来摸了摸，捡了一个递给爸爸看，爸爸问道："这是什么？"（其实他明明知道答案）停顿10秒后，爸爸走向琪琪，再次发问："这是什么？"（这正是琪琪的问题，爸爸只是给她示范如何表达自己的问题）琪琪主动把沙袋递到他嘴里，嘟哝着："嗯，嗯。""原来是沙袋，你发现了沙袋。"爸爸欣喜地告诉琪琪，琪琪专注地把沙袋捏来捏去，显然对沙袋的材质很好奇。

接着，她把身边的沙袋都捡起来，一个两个三个，走到桥边坐滑梯滑了下来，奔向爸爸送给他一个沙袋。"谢谢，宝贝。"爸爸捏了捏说，"这个沙袋软软的，捏起来的确有意思。"琪琪又自豪地把另外两个捧给爸爸，希望他也感受一下，爸爸高兴地说："你都给我了啊，我看看，都是软软的，这么多，一个，两个，三个……"

案例 27 顶顶的沙袋

顶顶，男宝，18个月

在爸爸的陪护下，顶顶在体能房玩耍。他独自顺着斜坡爬到了小桥上，自豪地对着父亲微笑，父亲回应道："顶顶你真厉害。"一边说一边走近顶顶："哎，顶顶你看，这桥上有好多的沙袋，你快捡起来。"顶顶听从建议，捡了几个沙袋在手里。"爸爸告诉你哦，这个叫沙袋，来，咱们数数有多少个。"但顶顶的注意力却并不在数沙袋上面，而是一个劲儿地用力捏沙袋，感受它软软的手感。过了一会儿，爸爸又说："顶顶，咱俩扔沙袋玩吧。"顶顶顺势把沙袋用力地砸向另一个方向而不是爸爸。他要自己决定怎么玩。

首先，我们要充分肯定，这是两位优秀的父亲，他们肯花时间去陪伴孩子的成长，已经非常难能可贵。琪琪的爸爸更多地等待、顺应琪琪的想法，让琪琪主导对话交流的主题，自然地把"顶端""高""软软的"这些形容词以及如何问问题、数量概念自然地呈现给琪琪。这是一段非常成功的以婴幼儿兴趣为主导的"参与式"对话。

顶顶的父亲也希望能多教会孩子一些东西，但略显急促了。作为看护人，我们经常情不自禁地就扮演了孩子的眼睛、耳朵和大脑，主动告知孩子们该玩什么、怎么玩，开启的都是我们感兴趣的话题，没有能够耐心地观察孩子感兴趣的话题进而展开对话。显然，顶顶也用自己的方式，排斥了爸爸的"教导"。

有人可能问，即便是顶顶爸爸的对话方式，孩子不是照样也听到和习得了语言吗？的确如此。但我们要尽可能地丰富我们的语言表达，给婴幼儿创设更好的学习环境，主动参与式的交流和被动跟随甚至被动反抗式的交流，会带来不一样的结果。前者享受与他人对话，后者的体验却并不那么愉快。因为谁也不喜欢永远被对方牵引，这会大大挫败婴幼儿与外界沟通的积极性。

有一次，一位家长找到我咨询："老师，我想问你，我们家孩子在家里什么都不说，我问他，你在幼儿园都干什么了、学什么了、吃什么了，他什么都不说，我着急啊。"我告诉他："如果我是您的孩子，我也会这样。我不是犯人，我不希望被审讯提问，而是需要平等的对话，否则我会选择闭嘴。"

事情其实就是这么简单。

以下是18到36个月婴幼儿语言输出和表达发展的评估标准，希望能给大家一些参考。

18到36个月婴幼儿语言输出能力评估表

18-21个月	21-24个月
⊙最少能说出10个词语 ⊙能够说出熟悉事物的名字，如：球、奶、水等 ⊙能够看图说出熟悉的事物，如猫、尿片等 ⊙能够通过语言寻求帮助，如：奶（表示要喝奶），鞋（表示要穿鞋）。 ⊙一些简单、重复度高的短语，如："没啦"等	⊙最少能说出20个词语 ⊙学会把不同的词汇组在一起表达，如：妈妈没，代表"妈妈吃完了"的意思 ⊙除了能说出名词，还掌握一些动词甚至形容词，例如：飞、辣等 ⊙能在生活中自由地用到一些名词与他人交流 ⊙能说2到3个句子，如："我吃饱了"

24-30 个月	30-36 个月
⊙词汇量积到 50 个以上 ⊙开始使用主语"我" ⊙开始用三个单词造句，如"妈妈看着我" ⊙能及时地用语言表达自己的想法 ⊙开始提出要求，例如"还要" ⊙能理解"什么""哪里""谁"	⊙开始使用大量完整的句子 ⊙经常说"你看我做到了" ⊙重复描述自己感兴趣的事情 ⊙能正确地看图说话，至少 8 个以上，如：被子、鞋、勺子、雪人；能够描述图片动作内容，例如："他在睡觉""他在滑滑梯" ⊙学会辨别对方性别，知道是男生还是女生 ⊙开始了解复数 ⊙理解"为什么""怎么样""什么时候"等抽象概念

语言能力的发育，存在显著的个体化差异，每个宝宝都有自己发育的规律，只要孩子是健康的，语言能力的习得只是时间早晚的问题。但即便如此，家长还是应该尽可能创造良好的语言环境，因为最终每个孩子的语言表达能力还是会有很大的不同，这与后天的教育环境是密不可分的。

3. "我需要先整理好自己，再去见朋友"
——论婴幼儿的社交发展

花儿绽放了，蜂蝶飞来做客了；树苗长高了，鸟儿筑巢安家了。我们需要时间了解自己、做好自己，才能更加自信地站在别人面前。对于 0 到 2 岁的婴幼儿，他们需要时间去跟自己做朋友，去跟事物做朋友，去跟他人做朋友。

婴幼儿的社交发展，也是一个需要"慢下来"的过程。

"慢慢地，我才会对你感兴趣"

很多婴幼儿看护人都有这样的通病，总是希望自己的孩子跟同龄小朋友打成一片，如果不跟其他小朋友玩就好像有什么问题，必须"求医"。

其实，我们需要了解婴幼儿的社交发展阶段性特点。这些发展是随着婴幼儿好奇心的转移和自我能力的提升不断发展的，通常会经历以下几个阶段。

首先是对自己格外感兴趣。刚出生的婴儿还没来得及探索周边的事物，就被自己先"迷住了"。这是什么？手指，还可以动，原来有五根手指，能攥得紧紧的，也能松开，还能用一只手玩另一只手（手是婴幼儿的首要"玩具"）。接着是探索身体的其他部分，转动脑袋，抬抬腿，这些体验让他们开始了解自己身体的部位和相应的功能。总之，跟自己"社交"就足够有意思了。

慢慢地，他们开始能抬头了，可以翻身、趴、爬了，他们的视野更加开阔、周围无数新鲜的事物吸引着他们，尤其是色彩鲜艳、能动或能发出声音、带来感官刺激的事物。这个阶段，即便是跟某些人有一定的"互动"，其实也是对这个人的特定特征感兴趣，如他的声音、表情、气味等。通过这些体验，婴幼儿成了实践者，享受到了操纵事物的自信和满足。

慢慢地，他们开始留意别人都在做什么，从熟悉的人到陌生的人，并下意识地形成对不同的人的不同判断。源于身高的相似性，他们能很轻松地观察到跟自己近似体量的同龄人的行为特点：这个人很爱笑，这个人很爱哭，这个人喜欢玩皮球，这个人喜欢打人……但他们还是很少主动与别人互动。成为独特的"我"和还没有完全充分准备好的"我"，还在观察、等待。这些观察都会影响他们未来的社交意愿。

慢慢地，偶然的机会，婴幼儿可能因为某个玩具、某个游戏与同龄人"主动"或"被动"地玩到了一起，社交的火苗慢慢地燃烧了起来……

婴幼儿的三种社交发展类型

平行型社交：两个或多个婴幼儿因为一件事物聚集

在一起，但是各自玩各自的，没有任何交集，例如：两个孩子都喜欢积木，各自拿自己喜欢的积木玩起来。

相关型社交： 两个或多个婴幼儿开始关注对方并一起互动的社交行为，而且彼此并不介意，如，一个孩子兴奋地在小桥上跺脚，桥板摇晃的声音吸引另一个孩子也爬上桥跟他一起跺脚，两人玩得很开心。

合作型社交： 两个或多个婴幼儿一起有分工、有目的地互动玩耍，比如大家一起把球捡到筐里，并一起把球筐搬回教具柜。

看护人应该在尊重婴幼儿心理接受程度和自我意愿的前提下，促进孩子们之间的互动交流：

- 给婴幼儿创造和同龄人相处的机会，尤其是与其体能发展阶段相似的同龄人，营造一个对孩子们来说相对安全的社交环境，以便他们自由地互动；
- 给婴幼儿营造一个相对稳定的"他人环境"，即提供一定时间段与固定的潜在伙伴相处的机会，这样才能让婴幼儿有机会去观察和了解对方；
- 尊重婴幼儿接纳他人和融入环境的速度；
- 看护人自身做好社交的榜样，在日常交往中示范与他人的社交方式，赋予孩子一定的方法。

其实"独处"也非常可贵

很多家长认为，中国社会是"人际社会"，因此非常注重孩子社交能力的培养。这一点我并不特别反对，但需要注意的是，鼓励社交不应该以损碍婴幼儿的自我发展为代价。

0 到 2 岁正是婴幼儿认识自我、发展自我的重要阶段。看护人需要慢下来，让他们从生理、心理上都准备好，自信、自然地与外界互动。多数孩子在 2 岁后开始与同龄人有大量的社交互动，这使得 0 到 2 岁阶段"独处"的作用显得尤为重要，甚至 2 岁之后的"独处"也更加珍贵。特别是在国内普遍喧嚣的环境下，我们最不欠缺的就是各种各样的声音和观众。学会独处，学会独立地探索和思考，对婴幼儿独立人格的建立弥足珍贵。太多伟大的智慧都是从"静"中迸发出来的！

对陌生面孔的恐惧

对陌生人感到恐惧，对婴幼儿来说是再正常不过的情绪。

随着婴幼儿社交情感的发展，他们从新生儿阶段对周围人由于缺乏认识而"一视同仁"，到逐渐与看护人有了长足的共同生活，形成自己的判断，比如"这是熟人""这个人对我很好""跟他在一起很安全"，与此同时，也开始排斥陌生面孔，拒绝与陌生人接触。

但是，随着时间的推移，他们会慢慢学会如何跟陌生人接触，我们无需格外担忧。切记，不要逼迫你的孩子"不情愿"地被他人拥抱、亲吻。对于陌生人的恐惧，其实是婴幼儿在还没来得及对对方进行了解时启动的自我保护模式，它的存在并非全然是坏事。

案例 28　我家的社交达人——我婆婆

Lucas，男宝，16 个月

Lucas 一直跟随我们生活在北京。他一岁生日时，我婆婆特意赶来中国为他庆生，这之前他们还从未彼此见过。老太太已经 70 岁了，从欧洲大老远飞了 17 个小时来到我们在北京的家，然而 Lucas 第一眼看到奶奶时，却回避与奶奶接触。也许是她金头发蓝眼睛的外形，也许是她既不说英语更不会说中文，不管怎样，对 Lucas

来说奶奶是一个完全陌生的人。

令我诧异的是婆婆的反应，她一直微笑着，既没有感到尴尬，也没有丝毫想要强行拥抱 Lucas 的意思——虽然我知道她有多渴望。当然，我也没有刻意把 Lucas "塞"给她。接下来的两个星期，婆婆每天都耐心地坐在沙发上，静静地看 Lucas 玩耍，Lucas 也会时不时抬头看看她，观察她的行为。第四天，Lucas 玩球的时候，球正好滚到了我婆婆脚边，婆婆顺手推给了 Lucas，就这样两个人开始互动起来。10 天过去了，我们第一次拍了全家福，Lucas 和奶奶非常开心地拥抱在一起。

这不就是 PREC 所倡导的对婴幼儿的尊重和"慢下来"吗?

我婆婆的做法太棒了。相反,我们国内的很多家庭会把"长幼伦理"过早地强加给孩子,"你让爷爷抱抱","奶奶抱你你还哭鼻子",为了抱而抱,为了亲而亲,孩子自己的情绪却被忽略了。

重新发现孩子，重新发现自己。
以童心为镜，做更好的父母。

扫码免费听《孩子是个哲学家》，
20分钟获得该书精华内容。

PREC

participation | respect | environment | care
参与 | 尊重 | 环境 | 看护

第六章 家长最关心的话题集锦

人生的第一课：学会如何如厕

如果认真观察，某一天，你的孩子会展现出对厕所的强烈兴趣。多子女家庭或进入幼儿园被托管的孩子，可能还会表现得更早一点，因为鲜活的人为环境会自然而然地刺激他们。在我们的幼儿园，每当哥哥姐姐们去上厕所的时候，低龄的婴幼儿都会或多或少地表现出好奇，并主动跟随"见习"。学习上厕所，不能在强迫下进行，否则会造成婴幼儿的心理压力，甚至形成心理阴影。

美国著名的人类心理学家马斯洛曾经说过：人生永恒的矛盾，就是坚守与放弃。对于婴幼儿而言，"吃喝拉撒"中的"拉撒"，是能有控制地等待还是无约束地排泄，其实也是"坚守"和"放弃"的大事，是具有重大意义的人生第一次挑战。

婴幼儿如何开始如厕学习？

当婴幼儿表现出对上厕所的强烈兴趣，例如总是喜欢玩马桶、别人上厕所会跟过去观摩，这时你需要准备一个他（她）喜欢的小便盆，并密切关注他（她）的行为，等待他（她）尿急的信号。当他（她）给出一个要尿尿或便便的信号（比如说突然站着不动，小脸表情紧张或突然发呆），你要温柔地鼓励他（她）：

"你是不是要上厕所？"

"我带你去厕所。"

"你可以像我一样坐在马桶上，或者选择自己的小便盆。"

请记住态度一定要温和，切记强迫施压。一旦婴幼儿感觉到压力，他（她）就会用拒绝、挣扎、"坚持"去抵抗你，而你只能束手无策。

如果孩子拒绝，你可以告诉他（她），只要他（她）想上厕所，随时都可以去厕所或者来坐小便盆。

通常情况下，即使是已经准备好如厕训练的婴幼儿，第一个星期也会状况频出，第二个星期则会慢慢好转，第三个星期已经基本熟练，但如果第四个星期还是有小状况发生，就可能说明你的孩子还没有准备好，当前还不适合这个"高难度"的训练。

所以，最终还是要强调看护人慢下来，耐心地等待，尊重孩子们成长的节律。"坚守"与"放弃"的训练哪能一蹴而就，过程比结果更为重要。

从实际操作的角度来说，开春之后到秋季之间是我们给孩子"摘掉尿片"的好时候。这段时间，孩子的穿着相对轻便，更换衣裤也很方便。尝试性地给孩子摘下尿片，让他们自然体验几次裤子被尿湿后的感受，讲明白其中的因果关系，这样孩子会慢慢地学会在想尿尿时告诉你要去卫生间。看护人一定要对孩子的点滴进步予以肯定和认可，例如：孩子告知你有尿尿需求的时候可能已经尿湿了，你要做的是认可他（她）："谢谢你告诉我，下次我们再提前一会儿就更好了。"

另外，孩子如厕后，让他们看看自己的"劳动成果"，很大程度上也会激励他们配合训练！

逆境商，从婴幼儿开始培养

逆境商，指的是我们在面对逆境时的处理能力。

根据美国心理学家保罗·史托兹博士的研究，一个人的逆境商越高，他就越能弹性地面对逆境，积极乐观地迎接困难和挑战，有创造性地解决问题。面对困境，逆境商高的人往往能不屈不挠，越挫越勇，最终表现卓越。相反，逆境商低的人很容易自暴自弃，半途而废，难以成事。甚至有人认为，一个人能成功与否，主要取决于其是否有很高的逆境商。我想补充的是，一个人要想在中国取得成功，更需要逆境商的培养。原因很简单，在人口如此众多的泱泱大国，要想成为金字塔塔尖上的那几颗星星，堪比登天之难。尽管我们未必非得成为最闪亮的那些星星，但永远积极坚强地面对挑战，才有可能成就最优秀的自我。

关于如何培养孩子的逆境商，已经有了很多有价值的讨论。我这里要回答的问题是逆境商要从多大开始培养。我的主张是，从婴幼儿开始。

在我看来，所谓逆境商的培养，并不是去专门学习这样一门课程。只要你让孩子在"本真"的环境中成长，他们的挫折教育就已经进入日程了。

如何理解呢？相比成人而言，婴幼儿所看到和感受到的世界，都不是按照他们的身材尺寸设计的，而是他们身材比例的 4 到 5 倍，就像我们成人到了"阿凡达"的世界一样，周围的环境充满玄机、挑战和不可控性。

我们轻轻松松就可以漫步、看报纸、打电话、叠被子，但是对他们来说，却需要至少一到两年的时间才能学会。

因此，"本真"的成长环境，原本就是一个完美的挫折教育课堂。我们只需要秉承"尊重"和"参与"的教育理念来看护他们，就自然能培养出高逆境商的孩子。比如说，跌倒就是一项完美的"挫折"学习体验。

对于处在探索阶段的婴幼儿而言，跌倒受挫是最常见的现象，看护者一定要用从容的心态去面对。其实，孩子的每一次跌倒，都是他们了解环境、探索自我的难得体验，如果每次跌倒后，看护人都能淡定地帮助婴幼儿舒缓情绪，认可和接纳他们的感受，耐心地与他们沟通相关的话题，例如身体是否有伤害，哪个部位疼，如何跌倒的，以后怎么避免等等，相信"跌倒"会成为他们成长过程中最可贵的教育机会之一。

作为看护人，我们要做的显然不是故意使婴幼儿受挫，而是在他们一旦受挫后赋予其从容淡定地面对问题的能力；通过鼓励，让孩子学会在没有重大伤痛的情况下坚强地站起来，继续往前走。

回想我们自己的成长经验，人生不就是不断地失去平衡又找回平衡的旅程吗？幼年时期是身体的失衡，而成年之后，则是心理和精神的失衡。每一次跌倒后站起来的"努力"与"挣扎"，只会让我们的孩子越发地坚强与勇敢。乐观地去面对吧，让孩子们学会跌倒后自己站起来并勇敢地往前走，这将为他们迈向美好人生打下坚实的基础（请扫二维码，看看我们的孩子是如何在跌倒后勇敢地爬起来继续快乐玩耍的）。

扫二维码，观看视频

当孩子说 NO！NO！NO！

18 个月左右，婴幼儿开始进入一个新的敏感期。在与他人的沟通中，他们会大量地使用"NO"。他们跟自己说，跟看护人说，也跟所有人说。尤其是经常被他人否定、制止、拒绝的婴幼儿，更会充分地模仿尝试拒绝、反抗。总之，他们需要用"NO"去感受自己做决定时"至高无上"的能量，去感受否定、拒绝、反抗对方的权利和能量。正是"NO"让他们强烈地感受到自己跟别人不一样，甚至一开始他们并不确信选择"NO"对自己意味着什么，反正就是想说"NO"。

"我们穿袜子好吗？""NO!"

"你要去哪里玩吗？""NO!"

"该是时候睡觉啦！""NO!"

"你要不要吃水果啊？""NO!"

显然，多数小孩明明是喜欢吃水果的，但也会不假思索地回答："NO!"

也许孩子是想要引起你的关注，也许孩子就是要拒绝你，以感受自己的能量，为此苦恼不已的大人不妨去想，孩子总是顺从大人，其实并不见得是一件好事，懂得拒绝，反而会更好地保护孩子的个性。

我们在幼儿园经常会遇到不懂得合理拒绝的小朋友。比如，有的孩子明明不希望别人玩自己心爱的娃娃，却不知道怎么说"NO"，只能眼睁睁看着娃娃被其他小朋友在空中抛来抛去，最后去找老师或父母哭诉；有的小朋友明明觉得向别人扔纸团不对，但看着其他小朋友都这么玩，也就放弃自己的立场加入进去。无论是对成人还是孩子，说"NO"都需要一定的"勇气"。所以，我们需要智慧地处理早期阶段的"NO"。

以下是几点建议：

1. 充分尊重孩子的"有品质的看护"，会大大降低"NO"的出现。因为尊重是相互的，当婴幼儿感受到温柔和爱时，他们也会更倾向于选择尊重对方的想法说"Yes"。其实，我们成人之间的相处，又何尝不是这样呢？

2. 在日常看护中，看护人也应该少说"NO"，把拒绝的口吻转换成积极正向的口吻，或者是选择性提问的口吻。例如，与其直接跟孩子说："你不能玩爸爸的手机！"不如说："宝宝，你和爸爸一起玩小汽车吧！"

3. 尝试和婴幼儿讲道理，引导孩子去分析和思考事情的因果关系。不要担心孩子会不会听懂，对于年幼的孩子，我们成人要明确一点：如果你不说，孩子永远也不会懂。

4. 被孩子拒绝后，看护人应该耐心平和地去询问原因："为什么？"知道"NO"背后的原因，会给你打开一扇了解自己孩子的大门。通过亲切的交流，去引导孩子分析"Yes"和"No"分别会给他们带来怎样的结果，帮助他们去理解"NO"的深层含义。这样一个沟通的过程，会大大提高孩子的语言能力，加深亲子之间的情感。

因此，家长应该将注意力的重点，放在探索孩子说"NO"的真正原因上，而不是感到受挫。因为这是儿童在成长过程中必经的阶段，这段过程中的体验，将帮助他们更好地探索行为边界，也帮助他们将来更明智、合理地做出抉择，捍卫自身的权利。

下面发生在 Lucas 身上的一件事，就让做妈妈的我感到十分惊喜。

有一次，我带 Lucas 去商场买东西，经过一家服装品牌店，我们走了进去。店员看到 Lucas 很是喜欢，可能是为了"讨好"我这个顾客，所以看到 Lucas 格外兴奋，又是主动打招呼，又是给送他气球。

其中有一个女生蹲下来，对 Lucas 说："我好喜欢你哦，你亲亲我好吗？"我愣住了，想着要不要委婉拒绝。因为一方面这个要求有点唐突，另一方面这里所有的店员都化着浓艳的妆，我很怕 Lucas 会亲到满嘴粉底。但是，我还是忍着，选择了等待，我告诉自己要相信 Lucas 的选择，尊重他的意愿。

没想到，Lucas 瞪大眼睛看着对方，大声地说：

"NO！"我如释重负，连忙上前微笑着解释："抱歉，他不太愿意，谢谢啊。"然后就带着他离开了。

后来每每想到这段小插曲，我心里都得意洋洋，一方面因为 Lucas 勇敢的拒绝，另一方面因为我选择了尊重他自行处理问题的正确方式。

孩子不喜欢"无名英雄"

想一想，你的孩子为什么总是喜欢爬到卫生间玩马桶？总是要求被抱着去够厨房的锅碗瓢盆？总是希望和你一起洗衣服，或者喜欢拿着长长的晾衣杆舞来舞去？

很简单，你每天都在孩子面前"乐此不彼"地使用着这些道具，高频地重复着以上的行为，就像电视上播放的购物广告一样，这些信息强烈地植入了孩子的大脑，激发了他们的参与热情。

所以，不论是"坐安全座椅"还是"爱上刷牙"，你需要做的是在鼓励孩子参与前先自然地展示给孩子看，激发他们主动探索的欲望，这样才能收获更好的效果。

例如，你们可以通过一起阅读相关的绘本或图片，让孩子先了解安全座椅是什么，刷牙又是怎么一回事。你也可以带着孩子一起去商店挑选产品，加强他（她）

的参与感，比如，这个座椅坐着舒服吗？这个安全扣你能解开吗？这个牙刷漂亮还是那个漂亮？哪个刷毛更软啊？经过如此多亲自参与的程序后，相信他们会更加期待和珍惜拥有一个安全座椅，以及每天都能像爸爸妈妈一样刷牙。

总之，让孩子参与到你的付出中来，不要做默默无闻的"无名英雄"，否则你花精力挑选、花金钱购买，孩子也未必会珍惜。

做"好事"不仅要让孩子看到，一定还要让孩子一起来做。

孩子不需要你的"夸赞"

养育过程中，看护人时常会夸赞孩子："你很棒，没有人扶站的情况下，你独自站立了15秒。""你是个爱卫生的小朋友，因为你每天都刷牙。"这种附带理由的夸赞方式和技巧，已逐渐被广大家长熟知和掌握。

赞扬的确是短时间内激励孩子的有效手段，却很难从根本上塑造孩子的良好人格。最近网络上流行一种说法："企业需要的是发动机，自己能自发地带着大家运转，如果是按一下才发光发热，顶多只算个灯泡。"这句话也很能诠释激励婴幼儿内在驱动力远比暂时性的表扬要更重要。

另外，夸赞也很容易把看护人树立成"无限神圣"的法官角色，让思维单纯的婴幼儿过早地活在别人的目光里，太在乎他者对自己的评价，从而忽视自我的真实需求。长此以往，夸赞与否和夸赞频率，会直接影响婴幼儿行为动机的强弱。

相比之下，我们更主张客观地对孩子的行为予以回应，通过强化婴幼儿对自我的认识和感受，让孩子们因为实现自我、完成自我而快乐，而不是仅仅以他人的喜好为行事标准，活在他人的价值"判断中"。

当婴幼儿天天都处在"你真棒""你好聪明""喔，耶！"的夸赞之下，他们会渐渐习惯并默认这样的评价方式，不能更好地感受自己内心的声音："我觉得拉链好玩，想自己把它拉上""我想站起来独自走向妈妈"……我们不能让孩子在婴幼儿时期就活在别人的"眼里"，他们需要追寻本真的自己，内心的声音是最强大的动力。

这也是所有优秀人物都具备的相同点——不因时代的变迁而随波逐流，更不会因为他人的阻拦而放弃开拓创新。

所以，我们建议用认可、回应来替代夸赞，就像镜子一样，客观描述你所观察到的情况，试着用"我听到了""我看到了""我发现了"来认可和回应孩子的行为。

下面我列举了几个案例供大家练习：

夸赞表扬　VS　认可回应	
好孩子，你把早餐全吃完了！	是的，我看到你把早餐吃光了。
太赞了，你自己爬上斜坡了！	我看到你爬上了斜坡，很高兴的样子。
耶，你接到球咯！	我看到你接住球了。
我太高兴了，你把书本放回了原处。	我看到你自己把书本放回了原处。
你每次亲妈妈的时候，妈妈都爱死了！	谢谢你的亲吻。

如何为孩子选择成长教育机构

"Good Care Educate，Good Educate Care"，这句话充分展示了看护和教育密不可分的关系。低龄阶段的教育，一定要服务于日常生活的点滴，也一定能从细节中甄别出高下来。

把孩子当"老板"的机构不可取

目前，国内 0 到 2 岁的早期教育缺乏相应的行业规范，为了生存或营利，有些婴幼儿机构无底线地加大自己的"服务"力度。

孩子一进门，无数工作人员就前呼后拥地迎上来，众星捧月一般。

然而，聪明的家长，请你们想一想，谁能保证全世界的人都这样"爱戴"你的孩子呢？短短15分钟的玩耍时间，工作人员轮番过来打招呼："×××你来啦！""×××让阿姨亲亲。""×××来跟老师拍张照片。"……这样密集的"人际轰炸"，孩子还能享受到专注的玩耍时间吗？孩子一哭，恨不得第一秒就让他（她）停住，又是哄逗，又是拥抱，孩子还能真切地感受到自己的情感吗？更不要说孩子的点滴进步，更会被取悦家长的工作人员捧上天……

我认为，好的婴幼儿机构，应该给孩子创造一个健康、真实、平等的社交环境，避免把孩子当成《皇帝的新衣》里面的皇帝来蒙骗。专业的婴幼儿机构，一定会珍视孩子每一次迈进的"奋斗"机会，不仅鼓励婴幼儿在参与中成长，更会在环境设计上创设出各种硬件条件，激发孩子们的探索欲望。

案例 29　亲爱的 Tom 老师

　　Lucas 低幼托管班的老师叫 Tom。有一次，我下班晚了，匆匆忙忙地冲进了教室，只见 Lucas 正和好朋友甜甜一起看故事书。两个小孩，一个指着书中的小狗学小狗叫，一个指着旁边的小猫学猫叫，专注且无比开心。Tom 老师就在离孩子两米外的板凳上坐着，微笑着观察他们。我的闯入，并没有惊扰到两个孩子。Tom 老师轻轻地走过来对我说："Lucas 玩得很开心，您没来的时间里，他一直在开心地看书，和甜甜互动。这是他今天厨房课做的巧克力蛋糕，我放到书包里了……我看孩子们玩得很尽兴，所以就不跟他们道别了，以免打扰他们，您到时候代表我跟他们说声再见，谢谢！"

　　就是这样一个"安静"的道别，让我对 Tom 老师赞赏有加，也觉得自己的孩子很幸运。想象一下，同样的情景，换成另外一个老师，很可能会"积极"地去跟孩子道别："老师要走了，抱一个吧。"接下来可能发生什么？孩子被打扰后不理睬老师，老师尴尬，家长也尴尬；或是孩子被打扰，舍不得老师走，局面失控；当然，也不排除孩子会欣然接受的情况。但不管怎样，我更喜欢 Tom 老师的处理方法。

于是，我送别了老师，也选择静静地坐在一旁看着孩子。两分钟后，一个不经意的抬头，Lucas 发现了我，高兴地跑过来搂着我。这就是"不被打扰的幸福"！

拒绝"兴奋教育"

由于中英语言上的差异，婴幼儿大脑发育所需要的"stimulation"这个单词很难被准确地翻译出来。很多人将它译成"刺激"，引发了很多的误解，甚至导致"兴奋"教育替代了"真实"的教育。

对婴幼儿来说，什么算得上"刺激"呢？

当你用温柔的双手，轻轻地抚摸婴幼儿柔嫩的皮肤时，他（她）就已经受到了"刺激"。如果换作给成年人按摩，怎样才能感觉到"刺激"呢？大概需要一双有力的手用力地揉捏，才会觉得到位。所以，对于婴幼儿，真实的生活已经是最好的"刺激"，成人水准的"刺激"对他们来说就是疯狂了！

很多家长在挑选婴幼儿机构的时候会习惯性站在成人的角度去判断是否"好玩"，其实这是一个很大的误区，因为很多大人觉得有意思的事，对于婴幼儿其实已经是兴奋过度了。

炫目的色彩，吵闹的音乐，炫酷的秋千，如果每天沉浸在这样的环境中，最后培养的只能是亢奋的、注意力难以集中和越来越难取悦的婴幼儿。很难想象有一天他们还会坐下来，选择白纸黑字的书籍去阅读，进入"安静""无聊""枯燥"的学龄后教育课堂。

培养积极主动的婴幼儿，需要我们提供少一些兴奋多一些"清爽"的成长环境，就像我在如何挑选玩具中提到的，过于主动的玩具培养的是被动的孩子，同理，过于兴奋的成长环境会让孩子听不到自己内心的声音，甚至剥夺他们思考求知的激情。

2 岁以后怎么办？

很多家长问我，PREC 是否适合 2 岁以后的儿童，2岁以后的教育我们应该怎么办？

我想说的是，尊重和参与是"育人"永恒的话题，如果作为看护者，我们能在新生儿阶段就给予孩子积极快乐的成长环境，就已经为他们的未来打下了坚实的基础。你赋予孩子的尊重，会成为孩子与人交往的铺路石；你为孩子营造的主动式参与的成长体验，会激发孩子不断挑战自己、勇敢探索未知世界的热情。

　　而你只需要继续保持放松的状态，去聆听他们，观察他们，理解他们，你将永远是自己孩子的良师益友，而孩子也一定会以自信、快乐，独立、智慧来回馈你！

结 束 语

    PREC 婴幼儿早期教育的看护理念和方法，是我入行十多年来育儿经验的大总结。

    在我看来，人的天赋和能力就像一个容器，它有各种不同的形状，也有大小不同的容量，容器开口的形状和大小会决定什么样东西的能装进去，什么样的东西会被排斥在外，而容器的材质则决定了它有多强的抗温、抗压、抗摔打能力。

    人之初的这几年，正是我们协助婴幼儿铸造自我这个"容器"的关键时段。"容器"铸造好了，才能更好地往里面添置知识、品德、技能、情感。因此，在铸造容器的阶段，看护人某种程度上扮演着"人类工程师"的角色。

    容器太小，内在空间不足，少量的事物就会超负荷；容器虽大但开口处太小，即使内部有空间东西也放不进去；而容器材质太脆弱，就算装满了东西也很容易破碎。如果你想铸造包容力强又结实的好容器，也就是说如果你想培养独立自信、快乐智慧的孩子，那就不妨尝试一下 PREC 的看护理念和方法，给孩子呈现一个"尊重""参与式"的童年。

同样也借此机会感谢每一位支持 PREC 看护理念和方法的家长们，诚挚地感谢参与 PREC 视频拍摄的每一个家庭，相信我们所做的一切，能够引起广大家长、看护人对婴幼儿教育的关注和思考。让我们一起携手，培养自信、独立、有竞争力的宝宝！

附 录

家长参加 PREC 课程的心得体会

Boris6 个多月的时候，我有幸参加了 PREC 课程。对我来说，这次课程带来的是全新的体验。所有的孩子在教室中教具创设的区域自由活动，家长坐在周围，不得打扰孩子，甚至长时间的眼神交流也不被建议。只有在孩子有危险或者求助时，看护者才被允许帮一下忙。

这是一个难得的机会。我可以坐在一边观察自己的孩子，看他自由地爬行，娴熟地用嘴叼起接球器，看他人生之初和同伴交流，看他缓缓打开自己的社交大门，看他在没有我双臂环绕的保护下翻越眼前的障碍，看他跌倒了笑一笑自己又爬起来继续前行。

现在，我的孩子快 18 个月了，离第一节 PREC 课程已有近一年的时间。在这一年里，我用尽量多的 PREC

理念指导自己对孩子的行为，在某些方面很是让我惊喜。

从他6个多月开始，我会在把他基本喂饱的情况下，让他自己吃剩下的饭。当然，他只会用小手抓，而每抓一下他都特别开心，手在碗里发出噗叽噗叽的声音，嘴巴吮吸着手指上的米糊，抓起一把看着它从高高的餐椅上降落到地板上，他是那么投入地观察着每一个变化。就像学校那面感官墙的延伸，他体会着不同材质的东西，带给手指和大脑的不同刺激。虽然每次地板"吸收"的营养似乎都比他多，但我相信他的大脑吸收的会更多。

一直觉得，早教课程其实是开给家长的。小宝宝不需要在教室里被教育，他们需要的是被教育好的看护者的引导。而PREC课，就是现场解读孩子行为的父母学堂。课上我最大的收获，莫过于对待孩子要慢下来，要等一等。等一等他，我发现他记住了我告诉过他的瓷碗要轻拿轻放，玩具玩完了要放回原来的地方。等一等他，我发现他关抽屉时，会先把手指放在推板上以免被夹到。等一等他，我发现他大部分跌倒的时候，都会不吭不响地爬起来继续刚才的事情。等一等他，我发现他的智慧远远超出了我的想象。

对于 PREC 课程带给我思想上的改变，我一直心怀感激。谨以此文向 Julie（郭曼妮）致以谢意。希望更多的孩子通过 PREC 成为更棒的自己。

Boris 妈妈

✲　✲　✲

萝卜从 14 个多月开始上 PREC 课，一期结束后，他 18 个月。

这段时期刚好是他开始独立行走、探索世界能力增强的阶段，很高兴每周能有这样一小段时间，坐在一边安静、认真地观察他在公共区域自由探索。在这种观察和与老师、其他家长的交流中，我受益颇多，很认可这样的理念。

大概所有家长都爱犯一个毛病，就是"过度焦虑"。譬如，萝卜 15 个月了，还不怎么开口说话，我不由得心急他语言发展落后；萝卜在外时，偏内向，总喜欢黏在我身边，不喜欢跟其他小朋友互动，我又担心他社交能力差；萝卜做什么事总喜欢拉着我，常常会被一些突然发出声响的玩具吓着，我就觉得他是不是有些胆小？萝卜不太爱吃饭，我，尤其是奶奶总害怕他营养不良……诸如此类，不胜枚举。但在 PREC 课程中，这些焦虑总能在老师的引导中得到缓解。

我了解到，很多焦虑其实并无必要，孩子有自己的发展节奏和个性特点，要学会接受和顺势而为。我还会得到一些建议，来引导、促进孩子的发展，譬如如何回应宝宝的哭，如何开展双语教育，如何鼓励宝宝参与日常生活，如何鼓励宝宝独处……当然，所有的建议和方法都不能包治百病，但重要的是家长要学会 Slow Down，以及从孩子的角度想问题。

无论如何，我很喜欢在 PREC 课堂上的这一段时光。相信枫叶（现在的乐融）会继续探索和完善这种早教形式，把它们做得更好，更适合中国的家庭。

萝卜妈妈

❋　❋　❋

一切从缘分说起。在枫叶儿童之家（现已更名为"乐融儿童之家"）第一次试听课就是 Julie 主讲的 PREC 课。那是我第一次接触"以看护人为授课对象"的早教课程，也是第一次在如此平和、放松的环境下探讨孩子的成长。因为如此不寻常的一堂课，我的宝贝菓菓与枫叶儿童之家成了好朋友。

PREC这个课堂上，我学到了很多引导和陪伴菓菓成长的方法。总结一下，这些美好都是PREC带给我们的：

第一，育儿思想的根本转变。在PREC课中，我逐渐找到了家长的正确位置，在日常生活中用自己的"示范"来引导宝宝，这也是从"家长本位"到"儿童本位"的思想转变。在很多次宝宝成长状况讨论中，Julie都提倡家长要自身示范给宝宝，慢慢培养宝宝的兴趣，同时也要放开宝宝去自己探索，不要过多地干预。菓菓从1岁多尝试自己吃饭，起初我看到他用勺子舀不到饭就着急，总想越位帮忙。学习之后，我试着放开，先示范如何用勺子吃饭给菓菓看，在菓菓吃饭的时候只微微帮他找准嘴巴的位置，到他动作熟练以后就慢慢不再帮忙了。

第二，汲取众家之长。对于大多数的双职工独生子女家庭来说，父母与孩子的亲子时间有限，孩子与同龄人相处的时间也有限（入园前幼儿），这对孩子的成长是不理想的，PREC课正好弥补了这一点。在课堂上，家庭看护人要依次聊聊自己宝宝最近一段成长中出现的状况，看护人之间既可以互相借鉴好的育儿方法，又可以得到有针对性的建议。而来自不同家庭的宝宝们也在此获得了充分的互动机会。

菓菓初次在课堂上吃香蕉时，他是拒绝的，两次以后，菓菓熟悉了进食流程，会主动去找 Julie 拿小板凳，然后送到桌子旁边坐下来，耐心地等待 Julie 依次把香蕉分给每个小朋友。有一次菓菓还主动帮身边的小萝卜把香蕉皮递给 Julie，看到菓菓充满爱心的小举动，妈妈心里真的是甜甜哒！

第三，课堂日记伴随成长。不少妈妈有给宝宝写成长日记的习惯，懒妈妈我对此很惭愧，还好有 PREC 课的课堂观察日记帮到了我。课堂观察日记从宝宝的精细动作、大动作、语言、情绪等几大方面如实记录宝宝当天的课堂表现，虽然每周一篇，但是坚持上完 3 个月的课程后再翻看这些日记，我们可以清楚地看到宝宝在各个方面的成长，这些带给我们发自内心的喜悦。

除了上述三点，PREC 最迷人的地方，是课堂的理念和氛围。在课上，我们和主讲人 Julie 以及其他看护人都成了好朋友。我们的心态不是功利的，不是一定要宝宝在课上学到什么，而是通过 PREC 课堂去了解宝宝、认清自己，享受这段跟宝宝共同成长的宝贵经历。

菜菜妈妈

※ ※ ※

球宝从 15 个月开始接触 PREC 的课程。初衷我是想让球宝多学点东西，但经过三个月的课程，我发现自己错了。

很多妈妈都像我一样，无时无刻不希望自己的孩子多学点什么。但通过 PREC 课程，我发现真正需要学习的是家长。我们一直想强加给孩子一些东西，却忽略了孩子天性。在这三个月中，我真正静下心来，坐在一旁，认真观察我的孩子，去欣赏他，鼓励他，帮助他，观察他的一举一动。我看到他情绪的波动，看到他摔倒了自己爬起来，看到他咬着牙和别的小朋友发生争执，看到他充满爱意轻轻抚摸小妹妹的脸旁，看到他专注地玩着他心中认为最有趣的玩具——垃圾桶，等等。我发现这是一件非常美妙的事，我在和他一起成长。

最让我难忘的是每节课最后的分享环节：大家一起围着小桌子吃香蕉。在前两个月中，球宝每次都看一眼就离开了。我好着急，我的宝宝不合群？他不愿意分享？我迫切地寻找着答案。Julie告诉我，慢下来，球宝在观察。真的吗？突然有一回，他主动参与了这个环节，举着香蕉开心地冲我大笑。后来的一段时间，他都会在老师的召唤下走到桌子旁，等着轮到他来吃，吃完了用小杯子喝水，自己摘下小围嘴，帮忙收拾小椅子，很享受这个过程。我有些自责，是我太着急了，太想让他按照我的心意发展，却忘记他是个独立的有思想的小家伙。我需要给他时间，需要慢下来学会等待，去给他自己观察适应的时间。三个月的PREC课程，不仅给了孩子本能展现和发展的空间，也让我更尊重他，懂他，爱他。

PREC课程同样也给其他看护人提供了一次观察和学习的机会。开始姥姥觉得课程没有用，她认为，不就是坐在那看孩子吗？慢慢地，通过观察，通过每次观察日志的分享，课中Julie的经典分析和指导，她在不知不觉中改变了。她会回家向姥爷口述上课的心得体会，也会在和别的爷爷奶奶聊天中不经意流露她学到的新观念。姥姥慢慢地接受了新的育儿理念，还和我分享她在新旧理念撞击下擦出的思想小火花。

我非常庆幸当初选择了PREC课程，实践证明这是

个正确的选择。感谢枫叶儿童之家的老师，让我们这些
看护者学会做到真正尊重、爱护自己的孩子，让孩子在
体能和心理上更健康地发展。

球宝妈妈

✳ ✳ ✳

认识 Julie 是在 PREC 课上。当时很多妈妈都向我推
荐了这门课程，恰巧 Sarah 那时候 13 个月，正处于各种
敏感期的交错阶段，我还没有适应 Sarah 的飞速变化，
有些手足无措。在怀疑和期盼的矛盾心情下，我开始了
PREC 课程。

那时 Sarah 刚开始独立行走，她的活动范围扩大了
很多，我必须一刻不停地跟在她身边，对她的一举一动
都反应得有些夸张。Julie 在课上告诉我和 Sarah 的外婆，
让我们 take it easy! 其实很多事对 Sarah 来说都是力所能
及的，我们的夸张反应却让她觉得自己了不起。其次，
长辈对孩子的过度保护会让他们变得脆弱。Sarah 当时刚
开始蹒跚学步，她总是要牵着我的手才愿意往前走。
Julie 提醒我可以尝试放开手，没想到在这节课上，Sarah

竟然从蹲着自己站起来，为了走到水池边玩水独立走了非常远的距离。我和 Sarah 外婆都非常吃惊，这是我们之前完全没有尝试过的。

此外，课上每次 30 分钟的观察，都让我看到一个真实的 Sarah。在没有家长干扰的自由环境中，孩子释放天性，专注地干某一件事或玩一件玩具。让我惊奇的是，Sarah 能很专注的做事情，在这之前，她总是三心二意地这里摸摸，那儿看看。Julie 告诉我，其实原因出在我身上，我把很多玩具同时放在 Sarah 面前，导致她不能够专心。

最让 Sarah 期待的是 Banana time! 在最开始的几次课上，Sarah 并没有对围嘴、香蕉和水杯感兴趣。Julie 示意我不要勉强她，让她专注地完成她喜欢做的事。神奇的事情发生了，Sarah 反而开始积极地参与起来，每次都热情地帮忙搬桌子和板凳，擦手和带围嘴也都很配合，慢慢地就连用小水杯喝水也得心应手了。

如今，Sarah 已经 21 个月，结束了 PREC1 和 PREC2 的课程，我们明显地感受到了她的变化。她可以专注地自己看书、玩玩具；对于音乐、艺术有着高度的敏感；勇敢地尝试面对新事物，和同龄的小朋友平等友好地社交；面对摔倒等挫折的时候，能够坚强而有耐力。这些都是在 PREC 课之前很多妈妈向我抱怨的问题。

很庆幸，认识了 Julie，参与了 PREC 课程，让我变身为一位"称职"的妈妈，也令 Sarah 成为不让妈妈"操心"的好宝宝。

Sarah 妈妈

❋　❋　❋

原本以为早教中心的课程不外乎陪着孩子唱歌、跳舞、游戏、玩耍，直到今年元旦我接触了 PREC 课程，彻底改变了我的看法。

其实自从有了女儿，我就一直在学习育儿知识，看书，参加讲座，向专业人士讨教咨询。将近两年的时间，我吸收了很多理论知识，但仍然觉得很多时候很多状况搞不。是我方法不对？还是所学理论对当前情况不适用？满脑的疑问号，深深的挫败感……

数月 PREC 课程的学习，我收获的不单纯是知识，对我影响最大的是观念的改变。在此我想分享几点心得，正是这些收获使我和孩子的日常生活与相处发生了很大的变化：

学会尊重孩子，把孩子当成平等的伙伴。尊重孩子，大人不能只站在成人的角度主观臆断。和孩子相处，需要我们蹲下来，处在和孩子一样的视角看待问题。

和孩子相处要放慢节奏，保持耐心，把孩子真正当成孩子对待。理解他们做事慢吞吞，因为他们在反复理解与琢磨；理解他们"记性不好"，很多规矩和要求需要妈妈反复提醒；理解他们外出玩耍时像只小蜗牛走走停停，因为他们在欣赏和探索这个新奇的世界，尽管这个世界对成人来讲习以为常……

学会欣赏孩子，摆脱焦虑和急功近利的心态，怀着一种平和、乐观的心情陪伴孩子。怀抱小天使，也接受"小恶魔"，细细品味孩子带给我们的爱和快乐……

我个人觉得，教育没有固定的模式，没有通用的方案，每个孩子都与众不同，都需要适合自身的教育方式。而 PREC 课程满足了我的需求，它传达给我的不是条条框框的理论，而是一种态度，一种和孩子在一起的生活方式。这段课程经历使我获益匪浅，收获颇丰。

红豆妈妈

※　※　※

第一次上 PREC 课程，原本是本着尝尝鲜的心态。现在 12 次课程内容结束了，宝贝的变化让我惊喜，我的教育理念也发生了很大的变化。

在头几次的课堂上，宝贝不敢离开妈妈周围，看到喜欢的玩具，也不会和别的小朋友"抢"，自己手里的玩具被别的小朋友"抢"走了，也不会表达自己的情感，只能无奈地爬向妈妈。看到宝贝这种情况，我心情很糟，觉得宝贝性格不积极。想起自己小时候也是这样，胆小，怕生，不敢表达自己的想法。老师安慰说这种情况多上几次课，每次早来一点提前接触环境，宝贝的适应能力很强，慢慢就会好起来。我将信将疑。

现在，我的小宝贝会主动和人打招呼，高兴的时候就会咿咿呀呀地说话，会随着音乐跳舞，看到喜欢的玩具会毫不犹豫地拿到手，也会把自己的东西递给别的小朋友一起玩。

课程中还有老师和家长一起探讨的时间，老师会为家长解答各种各样的问题，有些是我还没有遇到的，有些是我之前从来没有考虑过的。多次跟老师交流后我发现，同样的事情，老师和妈妈观察的角度和想法并不一样。老师会更关注细节，关注交流。还有一点，这个课程爸爸妈妈体力活少，不累，只要坐在那里安静地看着宝贝就好了——这感觉好幸福！

李浩彬妈妈

❋　❋　❋

记得第一次听完 Julie 关于 PREC 的讲座后，泪流满面的我感到终于找到了知音和依靠。

孩子的情况有点特殊，先天性髋关节脱位，接受过两次手术和半年的下半身固定石膏。来到 PREC 课堂时，她已经 15 个月，不会爬更不会走，只能勉强完成从坐到爬的体位转换。在 Julie 的建议下，从实际体能考虑我们做出了相应调整，"降级"到 PREC2 阶（6 个月—1 岁）开始。在接下来的三个月里，见证了太多的惊喜和感动，当然也等到了孩子从爬到扶着物体站起来，再到摇摇晃晃横冲直撞地迈出第一步的里程碑般的时刻。

PREC 对于我和孩子的意义与众不同。孩子的智力和年龄同步，可体能只相当于六个月，所以一切回到最核心的关照：尊重孩子自身的发展。通过每次课上 45 分钟以孩子为主导的观察和课后老师给予的 feedback，我猛然意识到原来自己一直以来的陪伴，并没有真正从孩子不同阶段成长特性的角度出发。在逐渐学会观察、接受并尊重孩子的真实行为后，我自然地调整了干预的态度。例如，由于治疗的经历，无论是孩子还是家长都倍加谨慎，甚至为了预防事故而限制了孩子的自我探索。而在 PREC 课上，她得到了充分的空间和自由。当她坚持不懈地翻过一个障碍物，去够让她充满好奇的球时，我明白了如何去做一个从容的妈妈。更值得一提的是，作为孩子的主要看护人，我和姥姥同时参与到课堂中，回家后我们也互相提醒，有意识地改变自己的行为习惯。通过大量的实践、磨合和练习，在孩子发生变化的同时，我和姥姥的育儿观也愈来愈一致，无形中解决了很多隔代养育中最为常见的矛盾和分歧。

现在孩子 26 个月，体能上已发育得和同龄正常的孩子相差无二。但我想说的是，PREC 更强大的长远影响才刚刚开始显现。PREC 让我切切实实地实践了把教育还原到最本真的养育生活的早教理念，从一个经历过煎熬的焦虑妈妈，转变为愉快地扮演孩子成长过程中的"引导者""支持者"和"合作者"的角色，守护着女儿最原始、最真实的自我。

我深信，PREC带给我们全家的影响，已经像一颗种子生根发芽，并不断朝着阳光生长，枝繁叶茂！

王迪思妈妈

曾看过一篇文章《我们能拥有孩子多少年》，讲的是在当下社会中，很多父母都无法同时完成社会职责与家庭责任。还没来得及好好和孩子相处，他们就挣脱了父母怀抱，在成长的叛逆中和父母渐行渐远。

那些构建与孩子亲密关系的时间都去哪儿了？如何在仓促陪伴的时间内，有效建立其乐融融的亲子关系，促进孩子身心健康的茁壮成长？伴随着这些疑问，我战战兢兢、如履薄冰地扮演着"爸爸"的角色。生涩、蹩脚的角色扮演方式，加之对道听途说的所谓中、西方教育方法的随意蛮用，让我的"爸爸"之路走得沉重、烦闷而挫败。在不理解、不理会、不良沟通与不当行为的影响下，父子关系一度变得紧张焦虑。云耕对我的无视、冷漠与不需要，更是让我这个"当爹的"意志消沉。

直到有一天，我和云耕的妈妈结识了乐融、结缘了Julie、有机会加入PREC课，我才真正学会了如何当好一个称职的"爸爸"。当我按照PREC课的所学所悟，真的把云耕当成一个大人去看待时，我才真正释怀了自己的担忧，并对云耕愈发充满信心。云耕也因为得到了父母的肯定与鼓励，从而能够更加自信地在更广阔的空间健康成长。

PREC课对于孩子来说是一堂社交课、游戏课与规则培养课，而对于家长来说却是一堂生动的教子示范课。课程内容就是在孩子的不同阶段，通过特定的社交环境设置，通过孩子一言一行、一举一动的信息反馈，让家长能够适时地采取相应的应对方法。我觉得与其说是孩子上PREC课，不如说是家长在上课。

PREC课不但让我完善了自己，更学会了如何爱孩子。现在，无论面对孩子还是面对工作、生活，我都能感到自己更心平气和、更能静下心来。感谢julie、感谢乐融、感谢PREC课，成功的人生往往只是一个观念的改变，愿更多爱孩子的父母能够因乐融而完善修为、因

PREC 课而受益终身。

云耕爸爸

＊　＊　＊

在 PREC 课堂上，一切都那么简单自然。没有炫美的灯光，也没有播放器里的音乐，只是几个孩子间的社交和老师的歌声。这种简单让我惊讶。但正是这三个月的学习，让我收获了可以改变我女儿一生的理念。以前，我也是逛遍论坛和看网评给孩子买玩具的妈妈，但那些所谓的益智玩具却并不讨女儿欢心，常常只是摆弄几下便不再问津。看到蒙氏课堂源于生活的布置，就连空的奶粉罐也可以让孩子们探索很久，让我开始反思到底应该给她什么。

有一次，她对自己的小书包插扣很感兴趣，可能是对扣紧时"咔"的一声很好奇，我陪她玩了很久。后来，我从别的包上拆下来一个扣给她自己探索，没想到几天后她竟然可以自己扣上，而且乐此不疲，一次一次重复。她专注的样子和成功后得意的笑容，让我觉得这小小的插扣就是我给她得最好的玩具！后来我们还一起探索过核桃。1 岁左右的时候，我们把几个核桃从一个碗里一个一个拿到另一个碗里，后来让她放进瓶子里，拧上瓶盖，再打开拿出来。她 1 岁 5 个月了，可以用夹子把核桃从一个碗里一个一个地夹到另一个碗里。这几个月里，女儿的专注力和精细动作都有很大的提高。天气转暖后，我们经常提着小桶，逛遍小区每一个角落，收集石头和花瓣，甚至观察蚂蚁群吃虫子，也一起用树枝把蚯蚓送回草丛。

我感谢 PREC，让我和我的孩子变得简单，静下来观察大自然的乐趣，坐下来玩简单的玩具。

Nemo 妈妈

后　记

　　在少年多梦的日子里，我从来没有想过自己会走进早期教育的领域，并且一发不可收。时光蹁跹，十多年过去，这片天地中已经有一份属于我自己的天空。

　　大学时，我读的专业是国际金融与贸易。我性格活泼开朗，又能歌善舞，所以毕业后并没有去从事与专业相关的工作——在我看来它们真的是太枯燥了。我想顺应自己的本性，选一份快乐的职业。2003 年，正逢国外的早期教育机构在国内市场上蓬勃兴起，优秀的英文水平、出色的才艺展示，加上开朗热情的性格，我轻易地就踏进了某国际著名早教机构的大门，成为国内第一批进入该品牌的人选。

　　当时，对我这样一个爱唱爱跳的年轻女孩来说，这份工作做起来可以说是如鱼得水、"本色出演"。就这样，我一教就是七年，服务了将近8000多个家庭。我是一个凡事喜欢钻研的人，在轻松完成教学任务的同时，我开始花费大量的时间和精力去研究各种早教机构的课程，对比他们的课程体系、课程设置、教学方法、课程真正的服务对象，等等，试图摸索出早期教育的一些规律和方法。对我来说，从实践中得出的经验和理论更加珍贵。

我的钻研和学习，除了让自己在业务水平上突飞猛进，也引发了我对早期教育更加深入的思考。当时我最大的困惑是：45分钟的课堂是精彩的，有唱有跳，有说有笑，而课堂外的吃喝拉撒，行为习性又是怎样的一番景象呢？看护人不可能像老师一样24小时高能量授课，他们与孩子之间又该如何沟通？我们希望孩子们通过这样的早教培养，成长为什么样的人？

带着满满的好奇心和求知欲，2008年，我走进了中科院，主修儿童教育发展心理专业，系统地学习了儿童发展心理学、儿童教育心理学，儿童创造力培养、儿童行为矫正等课程。我深刻地意识到，从出生的第一天开始育养婴幼儿的重要性。尤其是婴幼儿刚出生的头两年，就像无法掉头的列车一样，重要性不言而喻。作为看护人，我们需要把优秀的育儿理念贯穿到生活的每一天、每一分钟。

2010年，我步入了婚姻的殿堂，我和我的先生一起去做了一次环球旅行，旅行的目的便是考察世界婴幼儿教育的发展状况。我们先后去了意大利、德国、瑞典、法国、新加坡、日本、美国、加拿大等国家。我详细地了解了瑞吉欧、华德福、蒙特梭利的教育理念，实地参观他们的园所、婴幼儿机构，以及他们的课程运营。后来我的儿子Lucas出生，在养育儿子的过程中，国际化的家庭组合和生活体验，多元文化碰撞产生的火花，让我能够更加辩证地看待中西方早期教育中各自存在的长处，着眼于去寻找最适合中国家庭的早教模式。

随着心里的早教理念渐渐清晰，2012年，我和几位志同道合的伙伴共同创建了致力于0-6岁婴幼儿一体化教育的早教机构：枫叶儿童之家（现更名为乐融儿童之家）。正是从这一年开始，我每年都会去参加蒙特梭利的全球峰会，与国际同行进行交流。我发现，对2岁以下婴幼儿的培养，全球还普遍缺乏关注，急需早教工作者的探索。

2014年，我去加拿大SFU大学进修，并与该大学建立了友好的伙伴合作关系。我开始致力于为国内早期教育界引入国际先进的 0-5 岁看护培育理念。在温哥华的那段时光，我的心灵受到了深深的触动。那里的森林、石头、泥土、贝壳沙砾，大自然的安宁、静谧，让我不由地停下来沉思。我开始明白，每一个人都要去直面自己的内心，并要学着去找寻自己的答案，婴幼儿也是一样。而我也确实从现实生活中观察到，生活在这样美好环境中的婴幼儿，他们享有更多的宁静，进而也享有更多的自己。你会看到他们自发的、强烈的好奇心和探索欲望，以及付之行动的实践能力。

正是这样的感触，启发我开始研究婴幼儿环境创设，尤其是 2 岁以下婴幼儿的成长环境创设。什么样的成长环境，什么样的看护人群，什么时候、什么状况下实施我们的育养方法，都是值得看护人思考的问题。这些想法与我多年的实践经验碰撞结合，凝成了本书中所阐述的 PREC 的看护理念和方法。

2014 年下半年，作为乐融国际教育集团的执行总裁，我暂时放弃了集团任务繁重的运营工作，用整整半年的时间投入到园区的一线教学中，亲自服务了几百个家庭。我还历时两个月，带领团队拍摄了关于 PREC 育养法则的纪录片，以佐证我提出的 PREC 观念。虽然很多人对我的"反常行为"表示不理解，但我自己心里的信念还是很明晰的：正因为我是集团的 CEO，才更应该定期回归教研，与时俱进，了解家长育儿的现实诉求。

一开始推广 PREC 的理念和方法，我遇到了一些阻力，但是随着从越来越多的家长那里得到正面的反馈，我的信心愈加坚定。最让我感动的还是那些家长们，很多家庭都是妈妈听完课后拉着爸爸来听，父母听完后拉着爷爷奶奶来听，直至整个家庭都参与进来。大家对于早期教育的热情深深感染了我，让我更觉得有一份责任要把这份美好的事业做得更好。目前，PREC 已经使4000 多个家庭从中受益。

2015 年，在各方鼓励下，我对自己多年的思考探索和教学实践进行总结，完成了这部探讨 0-2 岁婴幼儿育养理念和方法的《教育，从第一声啼哭开始》，期望借由这本书将 PREC 的育养法则更广泛地传播出去，让更多的孩子得到优质的看护，迈好他们人生的第一步。

郭曼妮

2014 年 9 月

图书在版编目（CIP）数据

教育，从第一声啼哭开始：PREC：0~2岁婴幼儿的看护理念和方法 / 郭曼妮著 . —上海：上海社会科学院出版社，2015

ISBN 978-7-5520-1015-2

Ⅰ.①教… Ⅱ.①郭… Ⅲ.①婴幼儿—哺育—基本知识 Ⅳ.① TS976.31

中国版本图书馆 CIP 数据核字（2015）第 222474 号

教育，从第一声啼哭开始
PREC：0-2 岁婴幼儿的看护理念和方法

著 者： 郭曼妮

责任编辑： 唐云松 李 慧

特约编辑： 刘红霞

出版发行： 上海社会科学院出版社

上海市顺昌路 622 号 邮编 200025

电话总机 021-63315947 销售热线 021-53063735

http://www.sassp.cn E-mail: sassp@sassp.cn

经 销： 新华书店

印 刷： 天津旭丰源印刷有限公司

开 本： 889×1194 毫米 1/32 开

印 张： 8

字 数： 100 千字

版 次： 2015 年 10 月第 1 版 2020 年 7 月第 3 次印刷

ISBN 978-7-5520-1015-2/TS·004 定价：52.80 元